物理感觉聚焦心像

岳兴栓笔

物理感觉
聚焦心像

范洪义　翁海光

吴　泽　潘宜滨　著

范　悦

中国科学技术大学出版社

内 容 简 介

研习物理至善至美的境界是达贯亨彻通也;教学的职责是导率迪师引也。本书是为物理爱好者撰写的《物理感觉启蒙读本》和《物理感觉从悟到通》的延续,强调从物理感觉到建立妙极机神、思合符契的物理心像的历程,启迪他们有意识地让"行为心役"。

要使得学生对精义曲隐的物理了然于心,就要在培养物理感觉的基础上,按题面的物理图像索骥,分成许多意念,结合已有的经验把这些不同的意念有机地、艺术地组织在一起,"聚焦"成一个清晰的形象(心像),便可胸有成竹,化繁为简,遏水露石,顺畅解题。从精神层面建立物理心像,可以派生出来多种有效解题方法,如投石问路法、旁敲侧击法、参间虚实法、首尾相贯法、空翻题意法、移花接木法以及起兴比附法等,书中以实例说明之。

本书对学习和研究物理者有参考价值。

图书在版编目(CIP)数据

物理感觉聚焦心像/范洪义等著 .—合肥:中国科学技术大学出版社,2024.6
ISBN 978-7-312-05935-3

Ⅰ.物… Ⅱ.范… Ⅲ.物理学—青少年读物 Ⅳ.O4-49

中国国家版本馆CIP数据核字(2024)第055816号

物理感觉聚焦心像
WULI GANJUE JUJIAO XINXIANG

出版 中国科学技术大学出版社
　　　安徽省合肥市金寨路96号,230026
　　　http://press.ustc.edu.cn
　　　https://zgkxjsdxcbs.tmall.com
印刷 合肥市宏基印刷有限公司
发行 中国科学技术大学出版社
开本 710 mm×1000 mm　1/16
印张 16
字数 237千
版次 2024年6月第1版
印次 2024年6月第1次印刷
定价 58.00元

目　　录

绪　论

　　心像是人孤身徜徉在自然变迁的沧桑中辨识到的唯美图像积淀，是人郁闷期的灵魂中射入的几缕阳光之返照，是微风掠过荷塘漾起的涟漪与人之心涛的互动。

　　具体说到建立物理方面的心像，笔者有诗云：

> 提笔作文易，问天脉象难。
> 惯背古人诗，怯近数理关。
> 体销衣带宽，思滞茅草填。
> 似金惜光阴，未使光速缓。

　　物有循规，然天不示人；物无遁形，故探究者如烛幽索隐，往往无功而返。不妨将解物理题比喻是案件侦探干的活，侦探需凭感觉找寻和解释（哪怕是部分的）每个案件中各个环节之间的联系，才能串珠呈镯。解物理题则需凭物理感觉，即便是为了使某个问题得到部分解决，好学生也必须针对给出的似乎是漫无秩序的已知条件，用创造性的想象力去理解和连贯它们，当物理感觉积累到一定程度，通彻霖透，便"聚焦"成心像。

　　换言之，心像是形象（人的头脑能创造出没有直接感知过的事物的形象）的孕育渐渐从模糊到清晰的过程，由物理学家在构思过程中创造的理念的片段表象"聚焦"而成。

　　孟子曰："能与人规矩，不能使人巧。"遗憾的是，相当多的学生往往只是为考试而学，默写书上公式和定义来解题，解完了题就停止思索（题目与活生生的现实有何关系）。这时如能进一步对解题思路回味总结，约化步骤达到对前因后果的一目了然，就能事半功倍提高物理水平。如南宋朱熹写的："昨夜江边春水生,艨艟巨舰一毛轻。向来枉费推移力,此日中流自在行。"

我曾和武夷学院的展德会副教授到朱熹的故居——福建建阳考亭村访问,目睹考亭的绿山春水,波光粼粼,大树旁村落隐现,才体会到朱熹缘何能写下这首诗。

物理学师生若能有意识地培养物理感觉进而积淀"聚焦"成心像,通真达灵,解题中便觉得有意趣(意之所不尽而有余者谓之"趣"),做到宋代词人姜白石所谓:"人所难言,我易言之,自不俗。"这易言,来自心像,因言为心声。

物理心像是高于人们常说的物理图像的,它是在物理感觉的基础上,按问题的物理图像追源索骥,分成许多意念,然后再按原定题意,把这些不同的意念有机地、艺术地组织在一起,附上自己的想象,"聚焦"成心像。

伟大的物理学家牛顿十分重视心像。牛顿认为,人眼中出现的图像在某种程度上必有想象或者幻想的成分,因为即使闭上眼睛,单凭意志,人还是能够在眼前形成图像。

引申开去,牛顿引证说,想象的力量也许能够发展成为某种心灵感应现象。牛顿马上做实验,他睁大眼睛直视太阳,然后闭上眼,看眼前会出现什么颜色。为了这个实验的精确,他连续几个星期经常待在暗室里。牛顿的这种"以身试物"的精神令人感动。

可见,物理心像包含想象以至幻想的成分。有个非物理的小故事也许可以稍许说明什么是心像。

1927 年冬,量子力学创始人之一薛定谔结束在美国的访问乘船返回欧洲途中经过纽约,看到了自由女神像。他认为这个雕塑"风格荒诞,介于滑稽和可畏之间",他对同行者说:"应该在自由女神高举起的手腕上添加一只巨型手表,这样的画面才算完整"。薛定谔的思想之浪漫可见一斑。

另一位伟大的物理学家玻尔兹曼认为构造物理心像并使之适合外部世界,是人类精神的一种特殊动力。

他写道:"……我们不得不经常地运用复杂的公式来表征已经变得复杂的图像中的一部分,它们依然是非本质的,不是表示中最有用的形式，在我们看来，哥伦布、罗伯特·迈尔和法拉第是真正的理论家，因为他们的指路星辰不是实际中的所得，而是他们心目中的图像。于是，这一图像的即时修改和不断完善，成为理论的任务。想象始终是它的摇篮，而审慎的理解＋则是它的导师。"玻尔兹曼自己想象了如何将熵与系统无序性关联起来，可谓"笔补造化天无功"（图 0.1）。

可见建立心像之重要、曲折和艰辛，真正的物理学家会很自觉地将物理感觉聚焦或凝练成心像。

图 0.1　"笔补造化天无功"章

初学者也许觉得"心像"这个词很抽象，其实不然，"像"由心生，日常生活中我们无时无刻不在无意中用心像与人交流。

例如说某人良心好，是因为此人的所作所为在评价人的心目中已经形成善人之"像"；说某人有心机，是因为此人精于在算计别人中获利。清代文人金圣叹曾写道："朝眠初觉，似闻家人叹息之声，言某人夜来已死。急呼而讯之，正是一城中第一绝有心计人。不亦快哉！"但心计不是心像。

日常生活中心像也包括有虚的成分，譬如龙，谁也没见过，但还是作为十二生肖之一为人津津乐道。

心像有先入为主的特点，譬如我们问一个质量为 m，半径是 r 的圆环，在坡角为 θ 的斜坡上是滚下来还是滑下来？有人会说是滚下来，因为人们的"心像"中圆的东西运动都是滚转，但也有人说，物体在斜坡上还是滑下来，这两种心像都根深蒂固。

实际上，圆环在斜坡上是滚下来还是滑下来取决于圆环边缘与斜坡面的摩擦系数大小。具体说明如下：

如图 0.2 所示，在斜坡上建立坐标系，设沿着斜面方向是 x 轴，写下力产生加速度的方程

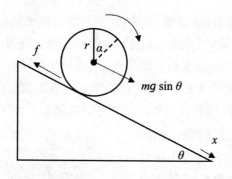

图 0.2

$$m\ddot{x} = mg\sin\theta - f \tag{0.1}$$

式中，f 是摩擦力，与下滑力合成一个力偶，使得圆环滚动。记圆环转过了 α 角，I 是圆环的转动惯量，摩擦力矩的方程是

$$I\ddot{\alpha} = fr, \quad I = mr^2 \tag{0.2}$$

由 $f = mr\ddot{\alpha}$ 得到

$$\ddot{x} + r\ddot{\alpha} = g\sin\theta \tag{0.3}$$

当只是滚下而不滑时 $r\ddot{\alpha} = \ddot{x}$，所以

$$\ddot{x} = \frac{g\sin\theta}{2} \tag{0.4}$$

代入式（0.3）得到

$$f = \frac{1}{2}mg\sin\theta \tag{0.5}$$

另外，$mg\cos\theta$ 是圆环对斜面的正压力，记 μ 为滑动摩擦系数，需要在 $f < \mu mg\cos\theta$ 的情形下，即当

$$\frac{1}{2}\tan\theta < \mu$$

时才能保证圆环在斜坡上只滚不滑，故最小摩擦系数是 $\mu = \frac{1}{2}\tan\theta$。斜坡角 θ 越大，所需的摩擦系数亦要增大才能保证圆环不下滑。1968 年，笔者曾在一家汽车公司当机修师，适逢冬天，看到公司派人拖回一辆报废车，它是在下山的雪坡上连滚带滑地翻的车。笔者由此经历想到此例题。

注：设 μ_r 是滚动摩擦系数，滚动物体受接触面的挤压有微小变形，但正压力仍然可近似为 $mg\cos\theta$，滚动摩擦力矩是 $\mu_r mg\cos\theta$，故有

$$\mu_r mg\cos\theta = fr$$

$$\mu_r = \frac{1}{2}r\tan\theta$$

可见滚动摩擦系数是长度量纲。

例 0.1　如图 0.3 所示的橡皮轮半径 $r = 45$ cm，在水平混凝土路面上滚动，滚动摩擦系数 $\mu_r = 0.315$，滑动摩擦系数 $\mu = 0,7$，求滑动与滚动最小牵引力之比。

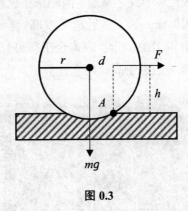

图 0.3

解　考虑轮子将滚未滚的状态，路面弹力为 N，滚动牵引力矩是

$$F_r r = N\mu_r$$

另一方面，滑动牵引力 $F = N\mu$，故而

$$\frac{F}{F_r} = \frac{r\mu}{\mu_r} \approx 100$$

滑动牵引力比滚动牵引力大得多。

圆形物体，半径为 r，在平面上滚动，一般的错觉是外加拉力使之运动。其实是外力矩 Fh 使之转动，h 是施力作用线与转动点的距离，$h \approx r$，此刻，因为挤压，物体与地面各稍有形变，转动点是略靠前进方向的物体与地面的接触点，即图 0.3 中的 A 点，它与物体重力线之间的距离称为杠矩 d，例如铁与铁的杠矩是 0.005 cm，硬木与硬木

的杠矩是 0.05 cm,轴承中钢珠与轴围的杠矩是 0.0005 cm,于是力矩方程是

$$Fh \approx Fr = mgd$$

例如,有半径为 20 cm 的铁棍,重 300 kg,放在铁板上,滚动它的拉力是

$$F = mg\frac{d}{r} = 300 \times 10 \times \frac{0.005}{20} = 0.75\,(\text{N})$$

科学想象与文学创作的想象颇有相通之处,譬如晋朝的陆机说:"其始也,皆收视反听,耽思傍讯,精骛八极,心游万仞。其致也……收百世之阙文,采千载之遗韵。谢朝华于已披,启夕秀于未振。观古今于须臾,抚四海于一瞬。然后选义按部,考辞就班。"(图 0.5)可见想象的翅膀要扇得多快,才能"观古今于须臾,抚四海于一瞬"。人的心游万仞这一点毫不逊色于高速电子计算机。

图 0.4　陆机与弟陆云学习的二陆草堂(作者在此拜谒留影)

美学家认为文学想象或艺术想象这种心理活动是一种形式思维,在思旧忆故的基础上以营造新的美好环境。但理论物理学家的想象不限于此,它往往不是在思旧忆故的基础上简单地"欲穿名珠,多贯鱼目",反而是扬弃了已有的知识,普朗克提出的量子假说认为"能量是一份一份发出的"就是破天荒的,这件事在他以前谁又能想象得到呢!

第 1 章　漫说物理心像和精神层面思考

"因事有所激,因物兴以通。"心像可指客观事物及其演绎规律在人类大脑中的映照成像。经典哲学认为事物背后存在本质,本质通过表象部分地呈现出来,而本质本身并不为人所见,只能通过表象对它加以认识;任何对本质的认识都是不全面的,即相对真理都是心像;真正完善、全面的认识(绝对真理)是难以触及的。

我国明清交替期间的王夫之早有物理心像的理念,他说:"耳有聪,目有明,心思有睿知。入天下之声音研其理者,人之道也。聪必历于声而始辨,明必择于色而始晰,心出思而得之,不思则不得也。岂蓦然有闻,瞥然有见,心不待思,洞洞辉辉,如萤乍曜之得为生知哉? 果尔,则天下之生知,无若禽兽。"

意思是说,凭借感官心知,进入世界万物声色之中,去探寻知晓事物的规律,这才是认识世界的途径。

心像内涵观物取象和化意为象,包括对真理(定律)的多个不同侧面的理解,对尺度的认识,对近似的操控,对不确定性的忍受,对隐喻的把握——统称为物理的精神层面。

本书意图继续从精神层面来启发学生,让初学者逐渐领悟,间有顿悟。一个人只有培养了物理感觉,学会解释简单的东西后,他才能理解科学本身,而且,也不会再面对稍微改动的题目而不知所措。伟大的物理学家理查德·费曼在对物理现象的本质和规律的阐述中,突出建立心像,坚持通俗易懂的表达方式,反对用难明的术语和修辞吓唬人,做到言以诠理,入理则信息。

因此,掌握通透的物理心像在于:知繁略殊形,隐显异术,抑引随时,变通会适。

1.1 物理心像高于感官描述

物理心像是高于感官描述的。物理学家薛定谔曾说，应该"防止我们幼稚地把'模糊模型'看作事实图像……一张摇晃的或对焦不准确的照片与一张云和雾峰的照片之间是有区别的"。

这正如风景与意境不同，清代金圣叹说："景字闹，境字静；景字近，境字远。景字在浅人面前，境字在深人眼底。"图像还只是观景，而物理心像有言情之意。景为天成，目之所触，无心也可得到；而情自心出，非有一番缱绻悱恻之怀，便不能哀感顽艳。

看到水在沸腾，测到相应的温度是 100 ℃，于是认定水的沸点是 100 ℃。在观察的刹那，见到的只是水、汽以及温度计，至于"水的沸点"不是具体的，而是我们人脑抽象的事情——心像。这是否正确，还需考证，登上高山煮水沸，却不是 100 ℃ 了。所以感官到的未必能一下子造成可靠的心像。

现在我们知道，液体的饱和蒸汽压与外界压强相等时的温度，谓之该液体的沸点。故水在高山比在平地容易沸腾。这才是相对正确的心像。

中国古代一则寓言《杯弓蛇影》(选自《晋书》)讲的也是心像有真有幻这个道理。

乐广字修辅，迁河南伊……尝有亲客，久阔不复来，广问其故，答曰："前在坐，蒙赐酒，方欲饮，见杯中有蛇，意甚恶之，既饮而疾。"于时河南听事壁上有角，漆画作蛇。广意杯中蛇即角影也。复置酒于前处，谓客曰："酒中复有所见不?"答曰："所见如初。"广乃告其所以，客豁然意解，沉疴顿愈。

其大意为：

乐广字修辅，去河南做官……他曾经有一位亲密的朋友，分别很久不见再来了。问到原因时，友人告诉他说："前些日子来你家做客，承蒙你的款待酒宴，端起酒杯正要喝酒的时候，突然看见杯中有一条小蛇在晃动，虽然有些害怕，可还是喝了那杯酒，于是回到家里，就得了重病。"当时河南府衙听事堂的墙壁上挂着一张角弓，用漆在弓上画了蛇。乐广心想,杯中所谓的"小蛇"大概就是角弓的影子了。于是,他便在原来的地方再次请那位朋友饮酒。问道:"今天的杯中还能看到'小蛇'吗?"朋友回答说:"所看到的跟上次一样。"乐广指着墙壁上的角弓,向他说明了原因,客人恍然大悟,积久难愈的重病一下子全好了。

此故事说的是此人因虚幻形成了疑神疑鬼的心像,自相惊扰,造成无谓沉疴。乐广通过重复"实验",发现了病人的症结,但却并没有进一步研究蛇影像与角弓的大小比例、光的折射和反射规律,甚为可惜。其实,这里的"影"是弓呈在酒杯中的缩小的像,而不是影子。酒杯内壁底部,正好相当于一块凹面镜,当物距大于二倍焦距时,凹面镜成倒立的缩小的实像。而弓到酒杯底(凹面镜)的距离远大于这个凹面镜的二倍焦距,因此在杯中能看到弓的缩小的像。倒入酒后,相当于又增加了一块"酒凸透镜",这样弓将先由这个酒凸透镜成像,再由凹面镜成像,最后再由这个酒凸透镜成像,人眼看到的是最后这个像。

中国古人有很多是写景的高手,他们观察事物细致,观察到的物性也能感动人性,例如他们中有人写道:"霜露既降,君子履之,必有凄怆之心,非其寒之谓也。春,雨露既濡,君子履之,必有怵惕(形容人既担惊受怕,又同情怜悯)之心,如将见之。"然而他们为何不继续发问,液体(雨)的露点如何定义?可见提出有意义的问题相当不易。难道是"挈瓶之智,守不假人"。

如果他们中有人将大气中水蒸气开始凝结时的温度,谓之露点,那么又将如何测量呢?

作答如下:在一个有光亮表面的金属器皿中,半充以水,加入冰块并以温度计搅动,至表面微呈现湿气时,看温度计示数即得。

🔍 从清军怀庆保卫战说露水的形成

说起露水,笔者想起太平军定都天京后派北伐部队渡过黄河于1853 年 7 月围攻怀庆府的故事。怀庆府即如今的沁阳市,位于河南省西北部,隶属河南省焦作市,是晋豫交通的重要门户,因城位于沁水之北而得名,沁水可顺流直达天津。怀庆城墙高 3.5 丈(约 11.67 m),宽 2 丈(约 6.67 m),护城河池深 2.5 丈(约 8.33 m),阔 5 丈(约16.67 m)。太平军用穴地攻城战术,挖地道到城墙根再埋地雷炸,曾在东城炸塌城墙，力图冲入，但被清兵挡回。怀庆知府余炳焘为了增强防守力量，释放了囚犯守城，其中一个叫任随成的犯人系挖煤出身，声称能在地面辨识太平军挖地道的轨迹，有《封神演义》中的人物土行孙所具备的本领。余炳焘大喜过望，每天早晨就派任随成去察看城郊野地，任随成一发现某处野草上没有露水，即判定下有地道。清兵按照他的指点，必能破坏太平军苦心挖掘的地道。太平军北伐部队先后挖掘地道 20 多次，都被守军发现破坏。太平军围困怀庆城两个月，最终只能放弃。

一般认为当傍晚或夜间到来，地面或地物由于辐射冷却，使贴近地表面的空气层也随之降温，当其温度降到露点以下，即空气中水汽含量过饱和时，在地面或地物的表面就会有水汽的凝结，如果此时的露点温度在 0 ℃ 以上，在地面或地物上就会出现微小的水滴，这就是露水。

那么，为什么下挖地道，上面的野草早晨就见不到露水呢？

笔者体会露水的成因还有别的途径。在白天，植物通过根系把地下水分吸收到体内并通过叶子释放出来（呼吸，一个动态过程）。到晚上，气温冷却下来，动态过程不能保持，叶子又无法保留住那么多的水蒸气，多余的水分便凝结成为水珠，并聚集在靠近地面的任何冰冷表面上。注意到北伐太平军是在 1853 年 7 月 8 日抵达怀庆府的，正是夏天，他们挖了地道，上面的野草根系就不能在白天充分吸收水分，于是早晨就见不到露水了。

可见，历史故事中也能见到物理的"鬼使神差"。

从感官建立相对真理的心像谈何容易，需在常规观察中凝练学识，于平凡中见奇崛，用古人的对联表之——荆棘丛中下脚易，明月帘下转身难。

1.2　心像基于物理感觉

早在二十几年前，笔者就强调物理感觉的重要性，指出单靠传授物理知识和解物理习题的技巧还不够，还为此编写了《物理学家的睿智和趣闻》一书,出版后读者不少,供不应求,因此重印了多次。几年前我和吴泽又写了《物理感觉启蒙读本》,借用老子的话来注释物理感觉。

在老子的《道德经》里有两段提及恍惚。第一段:"视之不见,名曰微;听之不闻,名曰希;搏之不得,名曰夷。此三者,不可致诘,故混而为一。其上不皎,其下不昧,绳绳兮不可名,复归于物。是谓无状之状,无物之象,是谓恍惚。迎之不见其首,随之不见其后。执古之道,以御今之有。能知古始,是谓道纪。"(图 1.1)

图 1.1　文伯仁书法,书《道德经》片断

第二段:"孔德之容,惟道是从。道之为物,惟恍惟惚。惚兮恍兮,其中有象;恍兮惚兮,其中有物;窈兮冥兮,其中有精;其精甚真,其中有信。"

第一段理解为，别认为听不见、看不见、摸不着就什么也没有了，它有，而且可统称为一个名字"虚无"，可是虚无也不是什么都没有。这三种现象共同的特点就是说不上具体形状，但它有形状；说不上具体的形象，但它有形象，这种没法具体说明的现象就是"惚恍"。

第二段理解为，道作为物的存在形式的描述就是恍惚，惚啊恍啊，这里边有具体的形象；恍啊惚啊，这里边有物的存在；幽暗而又深不可测的一定是道中蕴含了促进事物运行的精气；精是事物的本源、本性，是有规则、规律可循的。

"象""物""精""信"构成老子认识论的 4 个基本要素：其中"象"是指事物产生发展的现象、征象、表象；"物"是指从无形到有形的基本物质；"精"是指事物演变的动力或能量；"信"是指事物的演化规律，由物性本质的东西决定。

老子在第一段先把道作为虚无状态来论述，表现为惚恍。在第二段中，老子再把道作为有（物）的状态来论述，表现为恍惚。按字面理解"恍"是光在心里透亮，摄下潜意识；"惚"是某种物的存在之具体形象在心里闪现。合起来就是说，"惚恍"这种现象是物质在心里运动的结果，是物质现象在我们大脑中的映照——老子的意思是透过现象看本质，形成心像。

例如，日常生活中人们的运动感、受力感、作用力和反作用力的感觉被牛顿上升为物理感觉，酿成了牛顿的心像——三个定律。第一定律讲的是人在时空中匀速运动的感觉。第二定律来自人用肌肉力撞击物体的冲击的感觉，力产生加速度，而不是速度（中国古代墨子的"力，行之所以奋也"表述得比较模糊，也没给出其中的定量关系和力、加速度的方向）。牛顿第三定律说的是主动施力和被动施力的感觉之关系。这些虽说是天才的心像，却还是相对真理。

另一方面，牛顿关于时间的心像是建立普适的绝对时间。而奥地利物理学家马赫认为，由于时间必然需要用某些物理系统的重复运动来测量……时间的性质一定与描述物理系统运动的定律有关，运动的米尺与静止的同一把米尺的长度一样吗？牛顿关于时间的心像后来被爱因斯坦校正。

关于物理感觉的意思,我们在《物理感觉启蒙读本》一书中已有阐述,这里再通过鲜活例子说明。先说什么是错觉。

孔子东游,见两小儿辩斗,问其故。

一儿曰:"我以日始出时去人近,而日中时远也。"

一儿曰:"我以日初出远,而日中时近也。"

一儿曰:"日初出大如车盖,及日中则如盘盂,此不为远者小而近者大乎?"

一儿曰:"日初出沧沧凉凉,及其日中如探汤,此不为近者热而远者凉乎?"

孔子不能决也。两小儿笑曰:"孰为汝多知乎?"

此故事披露了孔子缺乏自然知识,不能指出两小儿说的都不是物理感觉,故不能判断谁是谁非。

再举一例说明:我们的先辈常有感叹夕阳的诗,如"夕阳无限好,只是近黄昏",但有谁去研究晚霞是红色的原因呢?西方的瑞利于1871 年首先研究出光的散射能力与光波波长的四次方成反比,波长愈短的电磁波,散射愈强烈;入射光在线度小于光波长的微粒上散射后,散射光和入射光波长相同。瑞利经过计算认为,分子散射光的强度与入射光的频率(或波长)有关,即四次幂的瑞利律。

正午时,太阳直射地球表面,太阳光在穿过大气层时,各种波长的光都受到空气的散射,大气分子直径不大于 0.1 μm,它只对光谱的短波部分起作用,其中波长较长的波散射较小,大部分传播到地面上;而波长较短的蓝、绿光,受到空气散射较强,天空中的蓝色正是这些散射光的颜色,因此天空会呈现蓝色。

日落时,太阳接近地平线,太阳光在天空中要走相对较长的路程,阳光几乎是水平地穿过厚层空气后,射到人眼,人眼看到的阳光中的蓝光被大量散射掉,只有波长较长的红、橙色的光不易被散射。这也就是为什么晚霞是红色的原因。

所以,白天看到的天空是蓝的,而落日是红的,这只是视觉。若能正确解释之就是物理感觉。

关于太阳的视觉效果,还可以问:朝阳和西下的落日看起来都不是圆的,而是多少呈椭圆形,这又是为什么?

当你能答出:阳光光线在近地处受折射,视角比实际偏向上,故朝阳和落日看来似乎在竖直方向受挤压而成扁形,从光线的折射来分析和观察时就是物理感觉。这就像人看水里的鱼儿的视觉深度比其在水里的实际深度要浅,如果鱼有思维,它在水里看地面上的人,则比其实际高度要抬高些。

同理,接近地面的空气对于高空的大气是光密介质,所以我们看星星的像的视觉位置比实际位置要高一些;而且,由于气流变化等因素,空气的密度会改变,故会看到星星在闪烁。

于是笔者联想到一个实际问题。如图 1.2 所示,设想有一人身高1.8 m,在巢湖北岸极目南望,由于大量的水汽笼罩湖面,接近湖面上空气的折射率 C 在一定的范围内随高度 z 的变化规律是

$$n' = n_0(1 + Cz) \quad (C > 0)$$

其为一个经验常数,这会影响此人的视野,他能望到多远的水平距离 x 呢?

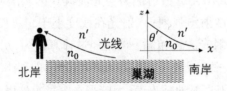

图 1.2　湖畔眺望

一般以为"极目楚天舒",一人在空旷之处能见到很远的地平线,其实不然。首先要指出的是,因为此人附近空气的折射率 n' 随着 z 升高而增大(温度随着 z 升高而降低,空气密度增加),比例系数为 C,远方地面上某点发来的光线到人所站处将向上翘(此光线从光疏介质进到光密介质),当其翘过人眼的高度时,此人之目就接触不到此光线了。由

$$n_0 = n' \sin \theta'$$

光线在缓变折射率中传播的方程为

$$n_0 = n' \sin \theta' = n_0(1 + Cz) \sin \theta'$$

由于

$$\frac{\Delta z}{\Delta x} = \cot \theta'$$

故

$$\sin \theta' = \frac{1}{\sqrt{1 + \left(\frac{\Delta z}{\Delta x}\right)^2}}$$

所以

$$1 + Cz = \frac{1}{\sin \theta'} = \sqrt{1 + \left(\frac{\Delta z}{\Delta x}\right)^2}$$

$$\simeq 1 + \frac{1}{2}\left(\frac{\Delta z}{\Delta x}\right)^2$$

记

$$\left(\frac{\Delta z}{\Delta x}\right)^2 \simeq 2Cz$$

$$\frac{\Delta z}{\sqrt{z}} = \sqrt{2C}\,\Delta x$$

得到

$$z = \frac{C}{2}x^2$$

当 $z = 1.8$ m，$C = 0.7 \times 10^{-6}$ m^{-1} 时，$x = 2.2 \times 10^3$ m。
可见，此人在巢湖北岸极目南望，不能做到一望无际。

这道题使我想起唐代韩愈一首诗：

天街小雨润如酥，草色遥看近却无。

最是一年春好处，绝胜烟柳满皇都。

它描绘出了初春小草沾雨后的朦胧景象，远望草色依稀连成一片，近看时却显得稀疏零星。这里面既有视角的因素，也有雾气对光的折射效果。

思考

1. 为什么拉制玻璃过程中不慎混入气泡，会使它看上去比较明亮？

2. 远看夏天的柏油马路为何显得似水淋过那样光亮？

3. 为什么说当看到夕阳接触地平线时，实际上太阳已经在地平线之下了呢？

关于月光,宋代沈括自问:"日月的形状,是像圆球呢,还是像扇面呢? 如果是像圆球,那么它们相遇时难道不相互阻碍吗?"

沈括自答道:"日月的形状像圆球,怎么知道是这样呢? 从月亮的圆缺可以验证。月亮本身并不发光,好比是个银球,太阳照耀着它才发光。每当月初刚有月亮的时候,太阳在它的旁边,所以阳光只能照在侧面,看见的月亮才会像个弯钩。太阳渐渐远去,阳光就斜着照过来,月光就逐渐圆满起来。好比一个圆球,用白粉涂它的一半,从侧面看它,粉涂的地方就像弯钩;从正对面看去,就全圆了。这就是我判断它们像圆球的根据。日、月是一种气,有形状而没有质体,所以相遇时并无阻碍。"沈括判断月亮本身并不发光以及是个圆球的感觉是对的,至于有形状而没有质体的判断则不对。

笔者认为沈括的这段问答以实际例子注释了老子在《道德经》中关于恍惚的叙述。

近代美学家朱光潜先生提出:"美不仅在物,亦不仅在心,它在心与物的关系上面。但这种关系并不如康德和一般人所想象的,在物为刺激,在心为感受;它是心借物的形象来表现情趣。世间并没有天生自在、俯拾即是的美,凡是美都要经过心灵的创造。"此所谓"心物感应"。

这里顺带指出,深刻的心像应该不仅仅是绘景。

北宋文学家黄庭坚的词作《瑞鹤仙·环滁皆山也》是用独木桥体,隐括欧阳修的散文名作《醉翁亭记》写成。黄庭坚将《醉翁亭记》压缩到接近一百字,自以为将原文的主题意境包罗了进去。时人读来,也十分称赞黄庭坚的善于囊括的本领,觉得黄庭坚此作处处能表现乐于游山玩水的太守和与民同乐的情谊,"得之心、寓之酒也"。历史上的文人墨客也都认为黄能于隐括之中不失其精神,实为难得。尽管词中多袭原文,创寓新意稍嫌不足,但仍然瑕不掩瑜。

可是,在本书作者看来,黄庭坚的这篇作品《瑞鹤仙》丧失了欧阳修的基本心像。欧公在《醉翁亭记》写道:"已而夕阳在山,人影散乱,太守归而宾客从也。树林阴翳,鸣声上下,游人去而禽鸟乐也。然而禽鸟知山林之乐,而不知人之乐。"他在这里流露了他的深刻心像,类同于中国古代庄子和惠子争论"鱼之乐是否可为人知",他认为"禽鸟知山林之乐"。可要是按惠子的观点(见惠子和庄子辩论鱼之乐

"子非鱼,安知鱼之乐"),欧公非禽鸟也,他又是怎样知道禽鸟的快乐呢?(其答案可见《物理感觉启蒙读本》)。

而黄庭坚的《瑞鹤仙》中丝毫没有展现欧阳修在《醉翁亭记》表现的心像,我们又怎能说他承袭得好呢? 他只是描绘表象而已,实在是极大的失落。

附黄庭坚的《瑞鹤仙·环滁皆山也》原文:

环滁皆山也。望蔚然深秀,琅琊山也。山行六七里,有翼然泉上,醉翁亭也。翁之乐也。得之心、寓之酒也。更野芳佳木,风高日出,景无穷也。

游也。山肴野蔌,酒洌泉香,沸筹觥也。太守醉也。喧哗众宾欢也。况宴酣之乐、非丝非竹,太守乐其乐也。问当时,太守为谁,醉翁是也。

1.3　心像靠隐喻来表达

隐喻常被用来描写尚不明确的东西,例如分子的布朗运动,在显微镜观察到液体中的花粉无规漂移后,被说成"神经过敏的行为"。在高中物理的运动学和动力学中把物体简约为质点——抽象的几何概念,这就是一种隐喻。久而久之,以后学生学到电磁学时,若教师对学生说电子是质点,学生也觉得很自然,这造成的后果是,学生以后接受波粒二象性时就很别扭了,电子怎么又是波了呢? 可见,先入为主是心像的一个特点。

再则,把心像说出来或用文字写出来,也不是一个需要严格按字面意思表达的东西。而对于从来没有见到过的物,心像需靠想象。正如爱因斯坦所说:"……世上那些日常经验已使我们框制出(科学出现之前的)观念。要把我们经验中的世界描绘出心像,而不戴上已经建立好的旧观念眼镜来做解释,是件不容易的事。还有一个困难,我们的语言迫使我们使用那些和原始观念分不开的字眼。"

说到中国的汉字,《礼记·学记》中说"其言也约而达,微而臧,罕譬而喻……"(说话用不着多比方,都能听懂。形容话说得非常明白)。更是在我们的不知不觉中自动表现出某种心像,如"坡"即土之皮,"波"即水之皮,"男"是在田上劳作用力的人。

爱因斯坦之所以反对量子力学的概率假设,或许也是因为决定论的心像太深刻了吧。

爱因斯坦认为目前的量子论只限于阐述关于存在的某些可能性的规律。按照量子理论,知道一个体系的概率就能算出另一时间值的概率;这样一来,所有物理定律都和客观的实体无关,只和概率有关。他写道:似乎很难看到上帝的牌。但是我一分钟也不会相信他玩着骰子和使用"心灵感应"的手段。在另一场合他又说:观察微观世界时,其结果用统计的方法表示是可以理解的……电子存在的概率——以 A 点 50%、B 点 30%、C 点 20% 表示(好比扑克的 3 张牌);但认为观测的电子在 A, B, C 三点共同存在"岂不可笑"? 当玻尔去抽牌时,爱因斯坦认为上帝不会愚蠢到那样做,上帝早就知道是哪张牌了,只是不说而已。

范洪义认为爱因斯坦的这个心像是地球人因循沿袭的东西,如果换成某个星球上的外星人,他们的眼睛有自动把量子力学算符排成正规排序(以 :: 表示)的功能,宛如地球人能将视网膜上成的物像在脑海中自动调节为正像,那么就可以将位置测量算符表达为

$$|x\rangle\langle x| = \frac{1}{\sqrt{\pi}} : \exp[-(x - X)]^2 :$$

即量子力学的概率假定可以用正规排序下的正态分布的心像描述之。正态分布是数理统计中的一种最常见的分布,于是观测到的电子在 A, B, C 三点共同存在就不可笑了。

纵观历史我们可以悟出,在物理界每一个新出现观念或理念都有把两类或两类以上的实验观察用某种方式联系起来的特点。例如,月球引起潮汐运动与苹果落地皆由万有引力引起。正因为真理有多个貌似相异的表现形式与侧影,那么物理学家就责无旁贷,要用最简洁的术语去揭示它们。从这个角度说,科学如隐喻。隐喻是一种语言表达手法,通常用指某物的词或词组来指代他物,从而暗示它们之间的相似之处,如莎士比亚的"整个世界一台戏",或是象征,被想象成代替另一物的事物。

拿笔者自己的经验为例,当知道了谐振子的零点能可由量子力学

的测不准关系说明后，我就想如果把在无外电压下的约瑟夫森结的超流比拟为零点能，那么我就应该建立相应的测不准关系来说明超导流。于是我设法构造了描述结的相算符与库珀对数算符，建立了相应的算符方程，成功地用测不准关系解释了超导流的存在。

联想的模式还可以促进跨学科的研究。譬如说，水加热后水分子活动加剧，一个物理量的熵增加了，熵代表无序度。那么当一个人激动时，其血压升高是否也可用熵增来说明或测量呢？

1.4　学研物理如何上升到精神层面

大物理学家费曼曾在巴西的里约大学兼职，他发现学生们可以滚瓜烂熟地背每一个物理概念，却不会用他们分析实际现象，笔者自己也曾有过这样的体会。我曾问学过量子力学的人，包括一些中国科学技术大学的高材生："只要不是暴晒，为什么太阳晒不死人？"他们一般都答不上来。也就是说，他们尽管背过普朗克的黑体辐射公式，却不知它与现实有什么瓜葛。稍好一些的学生，能回答出量子力学在微观领域中的运用（如固体物理的能带论、量子化学的分子轨道论、量子光学的激光等），但是谁也未想到平常的宏观情形下，为什么太阳晒不死人？

当时的费曼不无遗憾地指出他眼前物理教学中的弊病："物理老师总是在传授解物理习题的技巧，而不是从物理的精神层面来启发学生。"

这就像画画和写书法那样，如果光从技法上而不是从境界上去动脑筋，就不能提高层次。

费曼曾说，在普林斯顿大学期间，他有一次和爱因斯坦的一位研究助理聊天，费曼问："如果你坐在火箭上被发射升空，火箭里和地面上各放一个时钟，若要求在地面上的时钟走一个小时后，火箭必须回归地面，问火箭应该怎样调整速度和高度？"

爱因斯坦的那位研究助理对地球引力有深刻的理解，却一下子答不上来，想了很久，才领悟到这个问题跟一般的自由落体运动问题没什么两样,只要用 proper time（固有时）的概念就行。

费曼说,有趣的是,当我用火箭和时钟的方式来问他,他却迷茫了。

那么学研物理如何上升到精神层面呢? 笔者认为:

（1）选择简单的、活生生的自然现象开始研究,抓住事物最为本质的一面,建立物理图像。再凭天智和经验想象或幻想。

例如,学过热辐射的理论后,想想为什么北极熊的皮毛是白色的? 非洲大草原上奔驰的斑马为什么是黑白相间的颜色? 再联想,体育运动场上摆设的跨栏架为什么也是黑白相间的?

（2）抽象出有利于继续深入思考的物理概念。

例如,拉格朗日将牛顿处理力学的方程"拔高"为关于势能和动能的方程。

（3）尽量应用数学,完整地考虑各要素,归纳为普遍基本法则,建立理想模型。

例如,开普勒根据第谷观察到的天体运行数据总结出行星运动三定律——心像。

（4）通过修改和扩展,扩大普遍法则的应用范围。

（5）多元思考:尽量从多个物理分支考虑同一个问题的内核与外延,即把貌似不同但本质相同的现象联系成一类,且集中到一个焦点上加以分析,从中找出规律。

（6）在第 3 条的基础上,学会在自己的思想中能不参考数学形式而把握住物理概念。

物理发展至今,较成熟的有牛顿力学（分析力学）、统计力学、电动力学和量子力学,周匝详明非具大本领者不可为。嗟乎,理学之难精、难和,由来久矣,大多数人读这四大力学后脑子里所存只不过是如同庄稼地被马队践踏后的感觉,一片凌乱狼藉,所得不过是一些马蹄的痕迹。唯不存功夫行迹之心,才偶有真获。

纵观历史,大物理学家会自觉上升到精神层面来思考问题。例如,伽利略的思辨兼有物理学和工程学的特征。当他遇到特殊个案时,会凸显典型分析要素,识别规律,再进行概括和抽象,上升为理论;再开阔视野,将其发展为学科。他在下冰雹的街上,看到小孩两个手同时接到大小不同的冰块,就萌生了到比萨斜塔去做轻重物自由落体运动缓急如何的实验。伽利略不仅是个物理学家,还是工程师的先驱,创立了工程材料学和静力学。值得指出的是,伽利略首创了启用理论物理的思维模式,当他在教堂里观测到单摆的摆动周期与摆幅的大小无关时,又是怎样用理论家的思考方法来证明这一点的呢? 摆的运动轨迹是一个圆弧,使摆锤做横向运动的力的大小在瞬时变化,而当时微积分还没有问世,伽利略就改而考虑圆弧对着的弦(譬如一张弓的弦),这就把问题转化为相当于研究一个小球沿着不同斜面滚动的情况。由于这些不同的弦(斜面)都被包在同一个圆内,所以小球滚下的时间相同。不仅如此,他还发现摆动周期与摆长有关,于是他发明了钟摆的擒纵机构,制出节拍器。

伽利略是一个多面手,在制作温度计、望远镜、水泵和观测太阳黑子方面也是先驱。他的望远镜中物镜是正透镜,目镜是负透镜,目镜的前焦点和物镜的后焦点重合,使得进入望远镜的是平行光线,出望远镜时也是平行光线,眼睛感受到的像就似乎物在无穷远。就物理学家的心像而论,伽利略在 1632 年出版的《关于托勒密和哥白尼两大世界体系的对话》一书中提出了惯性原理,是典型的物理的精神层面的东西,所以爱因斯坦说理论物理始于伽利略。

如果撇开口才和教学经验不谈,我认为判断一个物理老师能否在精神层面来讲授问题的一个标准并不只是把物理题分门别类为一些专题(细化)后组装成模块并反复讲一些类型题,而是他能否在其教授的领域中出几个有简单答案的、新的简单问题。出物理题和出数学题不同,一个好的数学题需要解题人消耗几个麻袋的草稿,才算得上是出题有水平。例如,我国著名数学家华罗庚先生收徒就是给学生出演算量不小的题。但是,好的物理题在于问的简单却有新启示,答案也简明却有豁然开朗之感,并且又值得回味。例如,爱因斯坦曾问,极其缓慢地收紧一个单摆的摆线,会有什么量不变?

心像产生于物理的精神层面,大物理学家玻尔曾说:"就原子方面,语言只能以在诗中的用法来应用,诗人也不太在乎描述的是否就是事实,他关心的是创造新心像。"玻尔就是这样践行的,在普朗克提出能量量子化后,他为原子光谱线提出了"心像"——电子壳层的轨道理论和能级跃迁规则,这是一种半经典的量子化理论,在当时取得很大成功。但因为是一种"心像",难免有"阴影",后来被海森伯、薛定谔和狄拉克的理论所替代,后者又被玻恩解释为概率论。

与文学对照,物理心像不是记叙文,而是叙述文。因为记叙文所写的是事物的一时的光景,一个场面。而叙述文写事物的演化,是场面的连续演绎,也自动带上观测者的主观臆想。所以,同一事物的心像也因人而异。

1.5　经常闭目而思量子力学的心像

学过量子力学的人可以如牛顿领会心像那样,闭目而思量子被发现后对牛顿力学有什么冲击,能量不连续变化会带来什么影响,这些就是精神层面的考虑,笔者在这里列举一二。牛顿力学仅有表示状态的力学量,如物体的动能、势能、动量、角动量等,但量子力学除了有表示状态的,还有大量的表示测量的力学量和改变状态使之演化的力学量,都用算符表示,这些算符之间并不一定可交换。例如,撇去自旋不谈,两体置换在牛顿力学中是没有的,范洪义首先用有序算符内的积分技术求出了置换算符,他所用的心像就是将狄拉克坐标态矢符号 $|x_1, x_2\rangle$ 变为 $|x_2, x_1\rangle$,然后,积分

$$\iint_{-\infty}^{\infty} \mathrm{d}x_1 \mathrm{d}x_2 |x_2, x_1\rangle \langle x_1, x_2|$$

就得到两体置换算符。类似地,导出量子压缩算符所用的心像就是将坐标态矢符号 $|x\rangle$ 变为 $|x/\mu\rangle$,$\mu > 0$ 是压缩量,然后积分

$$\frac{1}{\sqrt{\mu}} \int_{-\infty}^{\infty} \mathrm{d}x |x/\mu\rangle \langle x|$$

就得到量子压缩算符,经常闭目而思量子力学的心像,仿佛天马行空,神驰八极。

1.6　研习物理从"心为形役"到"形为心役"

常有学物理的研究生哀叹在校七八年还不能拿到学位,十分沮丧。我劝他们说,且不闻大文豪陶渊明在《归去来兮辞》中写的:"既自以心为形役,奚惆怅而独悲?"既然立志于物理学,让自己使心灵受物形的使役,为什么还要独自惆怅伤悲呢?

学物理与学其他学科不一样,付出了青春年华却往往是铩羽而归。原因何在呢?

在我看来,是因为他们没有实现从"心为形役"到"形为心役"的转变。学物理不能局限于了解已知的物理规律,心只是亦步亦趋地跟着文献或书本而受其指役,而应该努力让自然形态受自己心的指役,渐渐让它显露出规律来。例如,爱因斯坦不为牛顿力学的理论因役,也不受以太论的羁绊,相反,他意在"形为心役",让迈克尔逊-莫雷的实验结果为自己的时空观服务,提出了狭义相对论,带出来质能方程 $E=mc^2$。又如,海森伯不屈从玻尔原子轨道论的形役,凭自己的心像演绎出了矩阵力学,笔下带出来不确定性原理,也做到了"形为心役"。

形为心役的另一位典范是狄拉克,他思考的笔下自定乾坤,推导出了相对论电子的动力学方程,电子的状态就是与他的心像契合的。笔者不才,却也靠自强不息达到"形为心役"的境界,在笔下指役了一些定理和公式,心里预想到什么物理目标,往往能随心所欲地实现。例如,按自己的想法,构建了量子力学的纠缠态表象以后,又发明了诱导纠缠态表象,50 多年来,发表 SCI 论文有 900 多篇。

简而言之,心中有数,胸有成竹,付诸实行,物我相契,用心来驾驭以往的文献而不要让它们来驾驭自己的心灵,便是"形为心役"。

如何实现"形为心役",获取正确的物理心像呢?须到达明心见性的境界。杜甫有诗句"为人性僻耽佳句",说明须孤处独思,到达万缘空之境,方能明心见性。然而,性僻心静却不易,除非如唐代王维所言,万事不关心。身处滚滚红尘中,又怎样做到万事不关心呢?那就是钻研物理,处于宿客论文之静、淡若深渊之静、野旷沙岸之静、林中古殿之静,这类静是静物所赐;但还有动中之静谧,自然景物的动态也能帮助人们明心见性,如溪沙涵水之静、深巷斜晖之静、江云夜掠之静、碧寺烟中之静、岸沙连砌之静,那"水、晖、云、烟、砌"时刻在变幻着,却如人诵经听梵音一样会转静,所谓"月到上方诸品静,心持半偈万缘空",那空便是静了!笔者幼时在夜晚有风的草地上看到"风急孤萤堕草明",那一刹那的光点亮了我的心扉,看到了自己多愁善感的本性。又如我在武夷山讲学,在瀑流淙淙处我"吟听潺潺坐到明",或在江南小镇的乌篷船上"短篷听雨到天明",体验水流不竞的心态。

第 2 章　古人观物的朦胧心像

古人文章中提及物理字眼的不多。我偶尔读到一段古文谈及物理——"高柳宜蝉，低花宜蝶，曲径宜竹，浅滩宜芦，此天与人之善顺物理，而不忍颠倒之者也"（朱锡绶《幽梦续影》）。这段话是要表达：生物（蝉、蝶、竹、芦）与环境（高柳、低花、曲径、浅滩）之间是顺的物理（适者生存），即物理规则与人的心像和谐。

但我国古代学者早就意识到观物与心像的联系。

明代曾有人问王阳明（图 2.1）："晦庵先生（朱熹）曰：'人之所以为学者，心与理而已。'此语如何？"

图 2.1　王阳明像

王阳明曰:"心即性,性即理,下一'与'字,恐未免为二。此在学者善观之。"

（译文:有人问:"朱熹先生说:'人之所以为学,不过是心与天理而已。'此话如何理解?"

王阳明说:"心就是性,性就是天理,加了个'与'字,未免将它们分为两个了。这就在于学者是否善于观察了。"）

王阳明还悟到了"天下之物本无可格者,其格物之功只在己身心上做"（《传习录·下》）,"心虽不以无物无,然必以有物有",这是他的一个基本信仰。

然而,当时也有学者跟王阳明持异论,如罗钦顺（1465—1547年）。他认为"格物之功只在自己身心上做"是片面的,事物的理并不完全是由"我"的良知通过格物油然而生的。他改造了朱熹的格物致知说,指出格物是格天下之物,不只是格此心;穷理是穷天下事物之理,不只是穷心中之理。主张"资于外求",达到"通彻无间"、内外合一（即找到规律,如牛顿的观点）的境界。他写道:"格物之义……当为万物无疑。人之有心,固然也是一物,然专以格物为格此心则不可。"

古人甚至还认为中国书法的根本是取法万物形象以表达心像,清代文学批评家刘熙载 (1813—1881年) 曾主讲上海龙门书院,评论道:"书,如也,如其志,如其学,如其才。总之,曰如其人而已。贤哲之书温醇,俊雄之书沉毅,畸士之书历落,才子之书秀颖。书可观识。笔法字体,彼此取舍各殊,识之高下存焉矣。"刘熙载还指出:"学书者有二观:曰观物,曰观我。观物以类情,观我以通德。"历代能自成一体的书法名家也只不过寥寥数人。

研究物理和解题需先从物理感觉——心像来思考,因此领悟与掌握物理概念比学会一些解题方法更重要。研之精则悟之深,悟之深则味之永,味之永则神相契,神相契则意相通。掌握物理概念需达到神相契、意相通的境界,如陆机所谓:枢机方通,则物无隐貌。不同的人,即使对同一现象,也会建立不同的心像,能做到神相契、意相通的只是少数人。

纵观量子力学的几位创始人,取舍各殊,也是因为性格各异也。

2.1　古诗句中反映光学现象的朦胧心像

古代诗人中不乏写景抒情的高手,他们观察事物细致,其若干诗句中无意识地描述了光学现象,有的诗反映了光的反射:

深斟杯酒纳山光;
贪看积水照筵光。

有的反映了光的折射:

画栏斜度水萤光;
坐看花光照水光。

有的则反映光的干涉和衍射:

花风漾漾吹细光;
小雪疏烟杂瑞光;
酒凸觥心泛滟光;
影落明湖青黛光;
古剑终腾切玉光;
近水流萤浮竹光。

如此等等,尤其是"小雪疏烟杂瑞光"讲光的色散,"酒凸觥心泛滟光"很明确地描绘了光在液面上的干涉效应,而"古剑终腾切玉光"说明了光在带沁的古剑的边沿发生的衍射效应,"近水流萤浮竹光"则说到了在微小飞行物上发生的光的衍射效应(衍射:光线照射到物体边沿后通过散射继续在空间发散的现象)。

但是中国古代诗人都没有将其观察到的现象上升到物理感觉,给出其解释,故是初级朦胧心像。如宋代的陆游:"小鱼出水圆纹见,轻燕穿帘折势成。"他看到了波纹就终止了想象。而惠更斯则在 1678 年提出了他关于波的传播的心像,发现在波的传播过程中总可以找到同位相各点的几何位置,这些点的轨迹是一个等位相面,叫作波面。球形波面上的每一点(面源)都是一个次级球面波的子波源,子波的波速与频率等于初级波的波速和频率,此后每一时刻的子波波面的包络就是该时刻总的波动的波面。这一理论后来又被菲涅尔和基尔霍夫发展。

以上这些诗中衍射和干涉兼而有之。在实际情况中,衍射和干涉往往是同时出现的。美国物理学家、诺贝尔物理学奖得主理查德·费曼指出:"没有人能够令人满意地定义干涉和衍射的区别。这只是术语用途的问题,其实二者在物理上并没有什么特别的、重要的区别。"

2.2　古诗句中反映声、波、色和影的朦胧心像

古人写诗,擅长将耳目对风物、影像之感,尽溢于诗表,不但声情并茂,而且细微入理,如讲到波动的起源,有"藻花菱刺泛微波""垂杨低拂麹尘波"等。更微妙的还有"荷花初醒水微波""清风吹空月舒波""孤舟常占白鸥波",都是在不起眼处探究波动,而且波的传播途径也各有特色,如"江中绿雾起凉波""海道新窥浴日波""满篷凉思入沧波",而"水漾晴红压叠波"则是戏说光波与水波的干涉。再说古诗中兼含声和影的诗句,有:

> 急雨失溪声,残灯淡窗影。
> 密树月笼影,疏篱水隔声。
> 古柳无多树,新蝉第一声。
> 池烟明鹤影,林雨断蝉声。
> 长桥深漾影,远橹下摇声。
> 残照迥峰影,微风引磬声。
> 垂帘幽阁团云影,贮火茶炉作雨声。
> 市户残灯临水影,渔村短笛隔云声。
> 风乱竹枝垂地影,霜乾桐叶落阶声。
> 映月疏梅入帘影,读书樨子隔窗声。
> 仙掌月明孤影过,长门灯暗数声来。
> 泉声落坐石,花气上行衣。

在这些句子中,我最喜欢唐朝诗人张祜的"长桥深漾影,远橹下摇声",它不但描绘了江南水乡宁静却又生机盎然的风光,而且隐含了物理,"漾"是指水面微微动荡,这是远处行舟摇橹传来的水波荡漾,长桥

之影随之被弄皱,却仍深深地"扎"在水中。所以,这两句诗既明着讲到了声波,又暗喻了水波,指出了水面波并不带着桥影远播,而只使它是上下(晃动)振动——"漾"。所以笔者以为在中学物理教科书的振动和波这一章中,应该把这两句诗写入,既讲了物理,又可使学生欣赏文学。

笔者偶尔也读过古诗中有关于波的叠加的描述,如唐代杜牧写的"鸟去鸟来山色里,人歌人哭水声中。"人的歌声波、哭声波与流水声波的合成永远是自然界的天籁之声。再如宋代林逋的《送思齐上人之宣城》(图 2.2):

图 2.2　马衡先生篆刻:泉声落坐石

> 林岭蔼春晖,程程入翠微。
> 泉声落坐石,花气上行衣。
> 诗正情怀澹,禅高论语稀。
> 萧闲水西寺,驻锡莫忘归。

然而,以上这些诗并没有探究现象中的物理,故只是朦胧心像。再看南唐时冯延巳的词《归自谣·寒山碧》:

> 寒山碧,江上何人吹玉笛?扁舟远送潇湘客。
> 芦花千里霜月白,伤行色,来朝便是关山隔。

其中"芦花千里霜月白,伤行色",是从景色到心像的转化,两岸芦花,在月光下犹如遍洒的白霜,是离别的感伤(图 2.3)。

图 2.3　篆刻:清风明月

2.3　来自听觉的心像

　　物理学家是聆听自然脉搏的声学家,尤其爱听天籁之声,它们是自然界中弥散的沁人心脾的声音,这类声音比任何一个作曲家的乐曲都来得自然。它们能启迪和激发文学家的灵感和情愫,写出千古绝唱。如北宋欧阳修作《秋声赋》,夜里他正在读书,(忽然)听到有声音从西南方向传来,心里不禁悚然。惊道:“奇怪啊!”这声音初听时像淅淅沥沥的雨声夹杂着萧萧飒飒的风声,忽然变得汹涌澎湃,像是江河夜间波涛突起,风雨骤然而至,碰到物体上发出铿锵之声,又好像金属相互撞击;再(仔细)听,又像奔赴战场的军队正衔枚疾走,听不到任何号令声,只有人马行进的声音。这一番心像产生以后,续写出了与秋关联的声音情象的悲感。然而也有使人心旷神怡的秋声,如唐代章孝标的诗句:“决水放秋声”。

　　而最早记录运动物体发声的变频效应的是我国唐代诗人方干,他写道:

> 举目纵然非我有,思量似在故山时;
> 鹤盘远势投孤屿,蝉曳残声过别枝。
> 凉月照窗攲枕倦,澄泉绕石泛觞迟;
> 青云未得平行去,梦到江南身旅羁。

其中那句“蝉曳残声过别枝”是表达蝉飞向别的树枝过程中鸣声音调的变化。

　　方干是如何吟得这句诗词的呢?

　　方干暑夜沐浴,间有微雨,忽闻禅声,因而得句。叩友人门,其家已寝,惊问其故,曰:“吾三年前未成之句,今已获之,喜欢而相告耳,乃‘蝉曳残声过别枝’也。”

　　声情并茂的古诗中描写了多种天籁之声。如,江日夜滩声、鹤语应松声、芭蕉夜雨声、秋气入蝉声、满池荷叶声、疏雨子规声、水旱小蛙声等。其中,“疏雨子规声”暗含玄机,天空中烟雨蒙蒙,杜鹃啼声在雨丝中传播,有声波的散射,故而与在晴天的叫声听起来有些微区别。唐代朱庆余的“隔雪远钟声”居然能分辨雪花飘扬对声音传播的影响。

有的声音是天人合一的,也动听,如枕上听潮声、渴听碾茶声、道路闻诵声、秋夜捣衣声、瀑布杂钟声、荡桨夜溪声、波回促杼声、近床蟋蟀声,都直接与动作或状态有关。而笔者最爱听的是近床蟋蟀声,那絮絮叨叨的虫鸣虽曲抑,但在床前却多情,似乎秋虫在述说着什么。回忆自己年轻时在加拿大访问的某一宵滴檐声,它使我千遍数惆怅呢。

古人还有诗句:"落月正当山缺处,细泉频作雨来声。"这优美含蓄的景色描绘实际上暗示了存在多普勒效应,细泉是运动的流水集合体,按物理之说,运动物体发出的波其频率有移动,组成一帘泉的水流发声的频谱就宽,就好听(图 2.4)。类似的尚有"逆雪打窗声""江石夜滩声""疏篱水隔声"皆妙,而"断岸落潮声"则是落水声与空山的共鸣。

图 2.4 篆刻:川流不息

在庄子的《齐物论》中把由于风吹而发出的声音称为"地籁",每种声音都有各自的特点。

多听自然界的各种声音,人会耳聪。如白居易的"今夜闻君琵琶语,如听仙乐耳暂明。"每个人爱听的声音各有不同,如清代的金圣叹说当官每日听打退堂鼓,不亦快哉;归家听故乡童妇语声,不亦快哉;而我最喜欢听的一类声音都与水的运动有关,用古人的诗句表达之,如:逆风吹浪打船声,卧听满江柔橹声(一个柔字用得贴切),抱琴来宿泻滩声,长松石上听泉声,萧萧石鼎煮茶声,天寒来此听江声,柳愁春雨湿莺声,四檐疏雨送秋声,雨到孤蒲先有声,朗吟诗句答溪声,细泉频作雨来声,寒江近户漫流声,冰泻玉盘千万声,晴雪喷山雷鼓声(雪崩),风出青山送水声,一轩寒籁动潮声;而微流赴吻若有声、花深荡桨不闻声这两种是此时无声胜有声。

其中,白居易的"逆风吹浪打船声"是笔者的最爱,因为同时可见到无色的浪花内有空气泡——体会"色即是空,空即是色"的禅意。白居易此诗句的上一句是"眼痛灭灯犹暗坐",笔者也深有体会。

至于其他的声音嘛，笔者喜爱听雨后蛙声——"一湖春月万蛙声"与床前蛐蛐声——"已有迎秋促织声"，一个似在鸣不平，一个若在抒衷情。

数年前，我请研究生们聚工作餐。席间我问他们，自然界中的何种声音说是有声，却无声？众人面面相觑。僵持了一会儿，我举例说："且不闻古诗中有云：苔滑水无声，池流淡无声，松暝露无声，落地花无声，天窗送雪声么。这些都是润物细无声了。"

学生们语塞，此时真是无声胜有声了。

2.4 从慧能的"仁心在动"说建立心像

禅宗六祖慧能从五祖弘忍处得到了衣钵传承后，来到了广州法性寺。某日，听到甲乙两人在寺前的旗幡旁争论。甲认为："这是幡在动。"乙则坚持："这是风在动。"慧能则指出："不是风动，不是幡动，是你们这些仁者的心在动。"

笔者第一次看到这段小故事，觉得慧能的说法高深莫测，吾辈悟性不够，不可思议之。再看有后人注解曰："六祖是在说，你们这些修道人啊，还没有抓住问题的根本——是心生万物，心在动。心不动，则根本就没有风（这个概念），也没有杂七杂八的名词相。"

也有专家理解慧能的意思其实是这样的：风也动了，幡也动了，心也动了；风不吹，幡不动；幡动，有风。若离风与幡，则你心上怎么知道有动了这个现象；若离风与心，则感知不到现象，谁能够说幡动了；若离幡与心，则感知不到现象，但风真的存在，可是风吹向谁家，谁能够知道。这是用风、幡和心来比喻，心指的是本性。

这正如佛家说空，很多人误解为一切虚幻，都是空的，没有的，不存在的。

也有人举一反三，认为风、幡的确都在动，如果我们的心不受其影响，动犹如未动。引申开去，就是顺逆泰然处之，不迎、不拒、不相随。

对于这些注解笔者是似懂非懂，莫衷一是。

其实，风动还是幡动的争论，这是一个可与物理感觉衔接的故事。

慧能的说法实际上是把人对物理现象的印象上升到了心之感觉而动心了。

读者别以为"唯心主义者"如慧能才会将风动、幡动说成是心动。伟大的物理学家费曼也考虑过类似的一个问题:"如果一棵树在森林中倒了下来,而旁边没有人听到,那它真的发出响声了吗? 会留下其他的迹象……有一些荆棘擦伤了树叶……留下细小的划痕……在某种意义上我们必须承认曾经发出过声音。我们也许会问: 是否有过声音的感觉呢? 大概没有,感觉一定要意识到才有意义。蚂蚁是否有意识……树木是否有意识,这一切我们都不知道。"他的言外之意是: 有声音的感觉一定是心已经动了。

难道费曼也是"唯心主义者"?

2.5　苏东坡谈从了然于心到辞达

北宋的苏东坡不是物理工作者,但他关于文学研究的某些言论也适合研究物理。上述玻尔(研究物理)关注创造新心像的理念,苏东坡早就有阐述,他曾说:"求物之妙,如系风捕影,能使是物了然于心者,盖千万人而不一遇也,而况能使了然于口与手者乎? 是之谓辞达。"

(释义:寻求客观事物的奥妙底蕴和生动意象,如系风捕影一般困难。能用心深刻认识、了然理解事物的人,少之又少,千万人中偶见其一。既能深刻认识、理解事物,又能生动形象地将之表达(或用说话、或用笔画)出来,就叫作辞达。)

苏东坡在《日喻说》一文中写道:"故世之言道者,或即其所见而名之,或莫之见而意。皆求道之过也。""道可致而不可求。"

(释义:所以世上研究物理之道者,就自己片面之见来解释它,或是没有见地还要猜测它,这些都是研究过程中难免的过失。物理之道是靠循序渐进以获致,不可不学而求。)

在苏轼的另一篇短文《书李伯时山庄图后》中又强调:"有道而不艺,则物虽形于心,不形于手。"

量子力学的发展史证实了苏东坡之所言,从心像到能"辞达"微观世界规律的有道有艺者,少数几人而已,他们系风捕影,渐渐弥补"意不称物"之短,心里所思,能用手写的数学公式表达出来,如玻尔-索末菲用相空间的回路积分来表示量子化和原子的定态轨道理论,然而在某种程度上也只是如我国明清交际之时王夫之所言"得物态,未得物理。"玻尔的电子轨道说后来被海森伯、薛定谔和狄拉克的理论所替代,如海森伯写下矩阵、薛定谔列出波动方程、狄拉克发明 ket-bra 符号,终于造就了如今我们见到和听到的量子力学理论。笔者发明的有序算符内的积分理论(量子算符积分学),使量子力学如虎添翼,能用新的数学公式增添很多量子物理内容,也为量子论之道添艺增术。

说明叙述物理心像的辞达有深浅之差别,这就像古人很仔细地观察山,好不容易才有感觉(视觉心理):

夜山低,晴山近,晓山高。

这是静观,更有在看山时顾及云的影响的观察(动观):

云来山更佳,云去山如画。山因云晦明,云共山高下。

心像是心里打的草稿,有时难以文字描述的,需以数学帮忙,所谓"情脉可搏不易写,意境肖摹隐约现"。

2.6   建立简约的心像有赖辞达

物理学家应在文字上下点功夫,才能把问题说透彻。建立简约的心像有赖辞达。

例如,在物理学方面,明末清初的方以智对于光的反射、折射、色散,对于声音的发生、传播、反射、隔音效应等诸多问题的记述,都是领先于西方同时代人的。他从气一元论自然观出发,提出朴素的光波动说,他写道:"气凝为形,发为光声,犹有未凝形之空气与之摩荡嘘吸。故形之用,止于其分;而光声之用,常溢于其余;气无空隙,互相转应也。"(《物理小识》卷一)。

他的论点可以理解为光和声的产生是由于凝为形的气与周围未凝形之气发生相互作用,凝为形的气止于其分,即传播的不是气本身,溢将出去的是波形,这就形成了光与声的传播。可见,他所描述的接近惠更斯的光与声的波动学说。用词"摩荡嘘吸"一语中的,振动在传播中有摩有荡有嘘 (慢慢地吐气,哈气) 有吸,此词用得很细腻,可谓辞达。

方以智进而指出"物为形碍,其影易尽,声与光常溢于物之数,声不可见矣,光可见,测而测不准矣"(《物理小识》卷一)。"声与光常溢于物之数"可理解为衍射现象,他称之为"光肥影瘦",此词很形象、贴切。

方以智还提出了:"宙轮于宇"的见解,所谓"宙"即古往今来的时间,"宇"指上下四方及中央的空间。"宙轮于宇"即指时间在空间中旋转流动,即时空是相寓相成的,是一种朦胧的心像。方以智的辞达能做到自出机杼,成一家风骨。后人望肩而不能及也。

笔者有幸在某地文物商店里看到署名方以智的一块匾,上面用金粉书写了"书香门第",背景画的是荷花、荷叶、翠鸟,"荷花"寓意着纯洁、坚贞、吉祥 (图 2.5)。中国古代民间就有春天折梅赠远,秋天采莲怀人的传统,经常以荷花作为和谐象征,它纵使是在污浊的环境中也能洁身自好,保持自己高尚的品德,这也是方以智君子行为的一种象征。笔者大喜过望,立即不还价就买下。这是否是老天爷有意安排,将他的遗物传给学研物理者呢!

图 2.5 方以智匾文:书香门第

古人云:"心开窍于舌"。心的经脉上系于舌,心气充足,心血充盈,上荣于舌,舌才能辨五味;心神健旺,则舌活动灵活,语言畅利,所以物理心像也体现在能被简明地表达阐述于口舌交流中。

2.7 观察者心像与系统状态并存

费曼曾指出:"当我们观察某个一定的现象时,不可避免地要产生某种哪怕是最低限度的扰动,这种扰动是观测的自洽性所必需的。"这表明系统状态与观察者心像并存。

量子状态概念的本身不是仅仅属于原子客体,也需要引入观测者。

例如,诡异的电子双缝干涉实验结果表明,如果仅仅放了一个设备,等电子发射完之后再去看,看到的是干涉条纹;不管你如何挖空心思,在发射的同时观察,只要你想了解粒子的径迹,干涉图样就看不到。是天机不可泄露吗?

爱因斯坦写道:"如果月亮在其环绕地球运行的永恒运动中被赋予自我意识,它就会完全相信,它是按照自己的意志在其轨道上一直运行下去的。这样,会有一个具有更高的洞察力和更完备智力的存在物,注视着人和人的所作所为,嘲笑人以为他按照自己的自由意志而行动的错觉。"可见,爱因斯坦也认为注视者是不可或缺的。

我国明代的王阳明在观察事物时,早就有这样的观点。有一个故事是这样的:据说有一天,王阳明与朋友同游南镇,友人指着岩中花树问道:"天下无心外之物,如此花树在深山中自开自落,于我心亦何相关?"王阳明答道:"你未看此花时,此花与汝同归于寂;你既来看此花,则此花颜色一时明白起来,便知此花不在你心外。"其实,这段话也意指了心也在此际中明白起来。

这里应该区分花的存在与欣赏花的美色,王阳明说的是后者,"寂"指的是寂寞或寂静。

以此类推,觉得许多明快的景色都与人的心境有关,所谓"明性见心",如:

澄江一道月分明、寒窗积雪写虚明、林疏渔火见分明、月傍关山几处明、竹影当窗乱月明、背日影池树影明、净练无风写景明、月痕渐浅见窗明,等。

2.8　心像：从写境到造境

中学生接触力学从学习斜面知识、了解重力的分力之下滑力、下滑遇到的摩擦力等开始。斜面也是伽利略开创实验物理的吉祥物，故幼儿园设备多有滑梯。关于建立斜面的心像，从写境开始。

古诗"日西塘水金堤斜"中的"堤"字说的就是斜面。古诗常将"横"与"斜"联系在一起，如"横风吹雨入楼斜"这句反映了力的合成，或是矢量的合成，横竖两方向的力合成出斜的效果。类似的句子有"柳带东风一向斜""烟柳风丝拂岸斜"。古诗中的"斜"字更多的是以光的斜照成影反衬时间，如"行人马首夕阳斜"，人骑在马上看阳光照在马头落在地面上的斜影就知道太阳快落山了（此同日晷的功能）；又如"飞鸦数点夕阳斜""入溪寒影雁差斜"也是同理。古诗中将"斜"泛指方向的偏就更多了，都很拟人含蓄，如"门掩苔垣向水斜""絮起静风落又斜"，风虽静，但对轻絮还是有作用的，古人的观物真是细腻啊！

学研物理学者，心像中也有写境和造境之分吧。物理学家"偶遇枯槎顽石，勺水疏林，都能以冷情深眼，求其幽意所在"。

王国维的《人间词话》说："有造境，有写境"，"造境"就是"有我之境"，而"写境"属"无我之境"。他举例说，"泪眼问花花不语，乱红飞过秋千去"为有我之境，是造境；"采菊东篱下，悠然见南山"是写境，为无我之境。

乍一看，两个例句中皆有诗人身临其境，为何王先生认为陶渊明的这两句诗中"无我"呢？笔者不太明白，似懂非懂。

终于有一天，笔者觉悟到"悠然"是不经意的、无所用心的，"采菊"也是手到擒来的自然动作，超然于我的，故为无我；而"泪眼"是有浓重感情色彩的，"乱红"也是诗人的意念加工后的心像，所以说是造境，是有我之境。

依笔者的体会，玻尔的电子轨道论是经典图像，尽管塞进量子化条件，也还是一种写境；到了海森伯另辟蹊径用矩阵力学才是造境；德布罗意的波粒二象是写境，直到薛定谔提出波动力学才是造境。海森伯和薛定谔都煞费苦心把自己投入到研究的漩涡中，故而是进入"有我之境"。

写境和造境是相对的,比起前人你也许在造境,待到后人超越了你,后人看你只是写境。例如,狄拉克的符号法和表象理论是量子力学的写境描述,又为笔者发明的有序算符内的积分理论提供了造境的机会。

2.9   古人诗中的时空心像

都以为爱因斯坦的相对论是首先将牛顿的绝对时空进行改革的人,他说"时间是个错觉"。实际上,中国古代诗人由于心静早就悟到了这一点。例如,南宋状元张孝祥过洞庭湖有吟:"……万象为宾客。扣舷独啸,不知今夕何夕!"

古人也常有时空一体、时空穿越的直觉,这是他们挣脱了名利心而获得了自由驰骋在广袤的天地中的"万象自虚灵"的感觉。如唐代的王湾写过"海日生残夜,江春入旧年"就有时序的模糊,当夜还未消退之时,红日已从海上升起;当旧年尚未逝去,江上已呈露春意。他从对空间事物的视觉中品味着时序的浑然,不知所踪,于是接着吟出了"乡书何处达? 归雁洛阳边"。这首诗可贵的是所叙事件跨越时空,了无痕迹。

又如,唐代诗人刘长卿写的"秋草独寻人去后,寒林空见日斜时",诗中要表达的时空感也是混沌的,说不清道不明,有是相非相之玄,给人以孤苦的追忆或想象的悬念。

这方面类似的诗句有:

朦胧闲梦初成后,宛转柔声入破时。(梦之成与破的时序。)
湖上残棋人散后,岳阳微雨鸟归时。(人散和鸟归的时序。)
橘花满地人亡后,菰叶连天雁过时。(人亡和雁过的时序。)
空亭绿草闲行处,细雨黄花独对时。(闲行和独对的时序。)

以上是两个事件的时序不分明。还有时序更朦胧的,如:

甲子不知风御日,朝昏惟见雨来时。

晨鸡未暇鸣山底,早日先来照屋东。

四时最好是三月,一去不回是少年。

一株一影寒山里,野水野花清露时。

那么古人为什么能写出如此令今人心生揣摩之思的诗句呢? 笔者以为他们如宋代王安石所说:"酒醒灯前犹是客,梦回江北已经年。"他们已经和自然界融为一体了。对于他们而言,过去、如今和将来仅仅是一种幻觉。

而拿欧阳修的话来回答是:"予闻世谓诗人少达而多穷, 夫岂然哉? 盖世所传诗者,多出于古穷人之辞也。凡士之蕴其所有,而不得施于世者,多喜自放于山巅水涯之外,见虫鱼草木风云鸟兽之状类,往往探其奇怪……"

(译文: 我常听到世人说,诗人仕途畅达者少, 困厄者多。难道真是这样吗? 大概是由于世上所流传的诗歌,多出于古代困厄之士的笔下吧。大凡胸藏才智而又不能充分施展于世的士人,大都喜爱到山头水边去放浪形骸,看见虫鱼草木风云鸟兽等事物,往往探究它们的奇特怪异之处……)

某一心像的出现往往是平时在别的问题上留心过的,抑或是浮光掠影过的。用李商隐的诗句则是"偷随柳絮到城外,行过水西闻子规",人的潜意识偷随别的思路游走,才会默有所得。笔者有时意外地推导出十分美妙的公式,便想到诗句:"巧分天趣出画外,韵远不与丹青俱。"天趣的东西本来不在意料中,非人力所能及也,这是以美学来构建自然的馈赠。一个研究人员须"得闲多事外,知足年少中",心无旁骛,才有机遇获得灵感,好比"落雁影收帆脚外,怒涛声到枕头边",耳聪目明,享用"塔分朱雁余霞外,刹对金螭落照中"。可见,理科生在文学方面下点工夫,无形中也能激发脑的潜力,思考物理如行云流水也!

2.10　物理心像的移情作用

古诗有云"静里天机看物静""落絮游丝也有情""客路相随月有情",说的是观察大自然能移情。

何锐先生在评笔者的两句诗"望云积聚生雷鸣,听雨淅沥疑自夸"时指出:"好句,自然现象揉入心情,雨便成喜雨,这便是移情。"物理心像类似于作诗的意境,意境体现环境与人情合一,故物理心像也有移情作用。如唐朝诗人常建所写听琴的感觉:

> 江上调玉琴,一弦清一心。
> 泠泠七弦遍,万木澄幽阴。
> 能使江月白,又令江水深。
> 始知梧桐枝,可以徽黄金。

(译文:琴声使得树林澄澈幽阴,江中的月影更白,幽蓝的江水也越发深沉。才知道这梧桐木做的古琴可以佩上黄金的徽标。)

琴声真的有那么大的功能吗? 从物理看,没有,但在诗人常建看来,就有,这就是移情。

还是这位常建写的《题破山寺后禅院》:

> 清晨入古寺,初日照高林。
> 曲径通幽处,禅房花木深。
> 山光悦鸟性,潭影空人心。
> 万籁此俱寂,但余钟磬音。

以潭影的虚渺清空人心中的俗念,又是一种移情。笔者曾到过江苏常熟讲学,一天黄昏路过虞山北麓的兴福寺,听人介绍,才知道这就是唐诗中的破山寺,于是赶紧进去转了一圈,领会一下诗人常建的意境。但常建写的是清晨入古寺,笔者是天色将暗入寺,感觉自然不同矣。

唐代诗人温庭筠的"鸡声茅店月,人迹板桥霜"也体现了人情物理呢! 老天爷看人商旅辛苦,便让鸡声来送行,让月光来指路,却又下了霜来表示淡淡的哀苦,这哀苦在木板桥上转化为他们的足迹,却稍纵即逝。

近代文学家钱穆说过:"作意则从心上来,所以最主要的还是先要决定你自己这个人,你的整个人格,你的内心修养,你的意志境界。有了人,然后才能有所谓诗。因此我们讲诗,则定要讲到此诗中之情趣与意境。读诗是我们人生中一种无穷的安慰。有些境,根本非我所能有,但诗中有,读到他的诗,我心就如跑进另一境界去。"

物理是一种生活方式,一个优秀的物理学家能悟出自然美景包孕着自我。伽利略在平滑的水流上行舟,当众人只顾及景物时,他却悟出了"封闭舱中不能分出是否真正在动",于是在理解世界的过程中得到心灵的静静满足。也是这个伽利略,在教堂做礼拜时,从吊灯的摆动联想到用脉搏的间隔来测量摆的周期,这就是物理的移情作用。

象征派诗人波德莱尔曾说:"你聚精会神地观赏外物,便浑忘了自己的存在,不久你就和外物混成一体了。你注视一棵身材亭匀的树在微风中荡漾摇曳,不过顷刻,在诗人心中只是一个很自然的比喻,在你心中就变成一件事实,你开始把你的情感欲望和哀愁一齐假借给树,它的荡漾摇曳也就变成你的荡漾摇曳,你自己也就变成一棵树了。同理,你看到在蔚蓝天空中回旋的飞鸟,你觉得它表现一个超凡脱俗,终古不灭的希望,你自己也就变成一只飞鸟了。"

相变现象,如"冻呵铁砚墨花凝"指液体凝结成固体,而"石坛风冷露华凝""雨余杨柳暮烟凝""芳树春融绛蜡凝",指气体凝结成液体。相变现象能使人移情,尤其是"凝结"常被古人用来指代心像的变化,如欧阳修写的"吹嘘死灰生气焰,谈笑暖律回严凝",谈笑天气打哈哈最终还是要回归严肃凝重的。"凝"字也可以用于自我修养,如"坚白能虚受,清寒得自凝",要成为一个有真才实学的物理学家,必须凝练基本功啊!古人巧妙地将思路不畅、气氛凝固也用"凝"字表达,如"旧题重展墨香凝""投湘文就思路凝"。

2.11　心像与人的心情有关

人的多种感觉中有"凉",但汉字"凉"有多重性,既能表示凉快,也可表达悲凉、凄凉,可见心像与人的心情有关。以物理观点看,"凉"虽然与环境温度有关,如陆游看到"竹荫槐影有余凉",也取决于人的心情,杜甫曾写"高楼层轩已自凉,秋风次日晒衣裳""色侵书帙晚,阴过酒樽凉",以表达内心失落。当然,凉也可以表示心静,如白居易的"可是禅房无热到,但能心静即身凉",与"心清自觉官曹简,院静先知节候凉"同理。

"凉"之一字,可形容凉到骨子里,伤心透了,但也可反映轻松心像,如"轻风轻度鬓丝凉""归路春风洒面凉""风襟潇洒先秋凉"。"凉"字常与"清"字共用,庄子说天无为之清,古人有诗句"夕霁风气凉,闲房有余清",笔者却对"清"字琢磨不透,从物理来说,难道空气湿度宜人、清新以至"尘远竹松清"便是"清"的全部意义吗? 不然,因为古人的诗句"槐夏午影清"中的清字,既不是指空气,也不关灰尘,这是一席树阴的清凉感染到了心灵的宁静,便想起了举世混浊,惟我独清。类似的诗句有"风敲疏翠竹影清",可见清与静谧不可分。古人也将"清"用于描写声音的品质,如有诗句说"惟簧能研群声之清"。再则,出淤泥而不染,也是清,这正如"在山泉水清,出山泉水浊"。笔者的另一个体会,"清"是指脑子思路清,所谓"小簟凉多睡思清";清也指品清志高,如"瓦沼晨朝水自清"。以上所述"清"的用法还勉强能解,但"谁家横笛弄轻清"便只能意会,不能言传,许是禅意吧!

古人闻声听响,究其因果,言语精到,令人神往。如元末明初的诗人高启的诗句"樵青刺篙胜摇桨,船头分流水声响"也是指出了响声的出处。但是,怀才不遇者,寄情于山水的心像返照与心情有关,例如北宋大文豪苏轼闻"山高无风松自响,误认石齿号惊湍",他误以为无风时的松响是峥嵘的石头嚼牙呼号出来的湍流受惊声,难道他真是误认吗? 显然不是,他是借此比喻自己受贬时的惊恐。又如唐代不得志的诗人温庭筠的"西掖曙河横漏响,北山秋月照江声",好敏感的听觉,居然能听到时间的声音,可见怀才不遇者与自然界的同声连气。另有两句更说明这种境遇,那就是一生背运的唐朝诗人杜甫吟的"有时自发钟磬响,落日更见渔樵人",自发的钟磬之响源由与其他不远处的发音器共鸣,杜甫将它比作自己的落寞哀叹。唐代另一考进士不第的陆龟蒙有诗云"江边日晚潮烟上,树里鸦鸦桔槔响",说的是在井中汲水用的桔槔杠杆原理借支架发出的"鸦鸦"声响,虽是难得一见的物理现象诗,也以桔槔提水的鸦鸦声来发泄对当世的愤慨。唐代诗僧齐己有诗:"疏雨晚冲莲叶响,乱蝉斜抱桧梢鸣",讲的是发自胡乱散布在树梢的蝉鸣声与雨打莲叶声的和谐,只有看破红尘者才有这种超脱的听觉。最后还要提到唐代张仲素的诗句"秋过暗虫通夕响，征衣未寄莫飞霜"，诗人从秋虫之哀鸣，想到要赶紧寄冬衣给征人了，正合了所谓听话听声，锣鼓听音了。

北宋苏轼有词句："人生如逆旅，我亦当行人。"似乎是在告诫我们，凡人一生庸庸碌碌活着本无什么意义，生命只是一个过程。古人咏物诗句中就很自然地流露出这种心像，如"睡起茶余日影过"写的是日影移动，实际是叹自己无所事事过人生；又如"家园频向梦中过"更是悲情人生如梦。然而虽都是行人客旅，但"二分春向客中过"，每人旅途所见不同会带来一些乐趣，如豪放者喜"酒熟野人过""扁舟载酒晚向过"；探险者爱"东风江浪荡舟过""虎溪闭月相引过""帆趁春潮带雨过"；好色者如"桐花识凤过""情人见月过""团扇送香过"；而笔者在妻子逝世后萌生"老去交情暂难舍，闲中滋味更无过"的心像，登楼望"风高时送雁声过"，怆然泪下……

第 3 章　通过建立心像来说解物理

从心像可以悟出物理题。例如,关于运动学知识中的运动的相对性及参照系,问:请解释诗句"月在平波莹不流"中的运动学意义? 可见心像孕有质朴的物理感觉。又如另外两句古诗——"绿波如染带花流,阵阵鱼苗贴岸游",如何提出合适的运动学问题呢? 再欣赏"木落霜清雁影流""绕竹斜晖透碧流""山染衣巾翠欲流"这三句诗,说的又是什么物理现象? 可见古诗的魅力。最后的思考题是,问"松上挂瓢枝几变,石间洗耳水空流"(钱起谒许由庙诗)是如何将文、史、理三体知识相结合的?

有的心像比较含蓄,学过物理者都知道霜是地面附近空气中水分子凝华在冷物表面形成的。但一语道破了天机,霜就无味可玩了。而古人对霜的形成原理虽然也知道一二,但并不说破,于是吟出有诗意的霜。如白居易的"菊悴篱经雨,萍消水得霜"。古人也晓得霜与气候的关系,如"枫叶黄时满屐霜",又如"密竹渐删嫌碍月,青柑迟摘待经霜""荞花漫漫浑如雪,豆荚离离未经霜",被霜打过的植物才好吃。古人观物很细腻,李白将雪与霜作比较,说:"旋扑珠帘过粉墙,轻于柳絮重于霜。"古人拟人法说霜一般都指代人生的蹉跎与烦辛,如"道士生涯孤似鹤,衲僧门户冷于霜""千里归帆雁背霜""征衣未寄莫飞霜",又如"精炼诗句一头霜"好像是在说现在的笔者,似"草书瘦蔓饱经霜"者又何止我一个呢! 但也有见霜则喜的诗,如"半壁绿苔乘宿雨,满阶红叶醉新霜""昨过山僧余习在,小书红叶拭新霜",把红叶上沾的霜拭干后写上情诗是多浪漫的事。可惜如今的中学物理教材中讲到霜的段子中没有上述描绘,还真是索然无味啊!

通俗地说,艺术家建立心像好比画图。大画家吴冠中擅长把复杂的画面,有条不紊地纳入一个统一的调子中处理,使混乱显出秩序,化为规律的美。在画面上画满纵的、横的、不规则的黑、灰色、粗细不一的线,间以他爱用的印度红、翠绿、鲜黄的线或点,画面上满铺毫无规律的点和线,十分复杂,但给你的印象不是乱麻一团,而是动中有静,乱中有序。画家的满腔激情,全都寄托于这些纵横错落,疏密阴阳,空(空白)中有色,色中有空,空即是色,色即是空的美妙秩序中,构成他心目中的形式美。吴冠中的画画得好的一大原因是他的人品和美学理念,盖学画者贵先立品。

我们学物理的,若能把复杂的现象,有条不紊地纳入一个统一的理论框架中,彰显出规律,就是上乘之心像。

3.1　酝酿物理心像的视角

我们研究一个物理系统的行为与规律,有观测视角,需要找一个最合适的视野入手。北宋沈括记载:画家董源和巨然作的画"皆宜远观。其用笔甚草草,近视之几不类物象;远观则景物粲然,幽情远思,如睹异景。如源画《落照图》,近视无功,远观村落杳然深远,悉是晚景,远峰之顶,宛有反照之色,此妙处也"。看画有远观、近观之异,有最佳视角,物理心像映照何尝不是呢?它也有远观成像和细细琢磨近像之分,也依赖于视角。

例如,某人看一幅画挂在竖直墙上,画的上、下沿 A、B 分别在人水平视线上、下上方 a 米,b 米处,问此人离墙的水平距离 x 为多少时,他的视角 θ 最大?(视角是指从物体上下两端引出的光线在人眼处所成的夹角。)

如图 3.1 所示,此人眼所在位置是 O,他的水平视线与竖直墙的交点是 G,令 $OG = x, AG = a, BG = b, \theta = \beta + \alpha$,则有

$$\tan \theta = \tan (\beta + \alpha)$$
$$= \frac{\tan \beta + \tan \alpha}{1 + \tan \alpha \tan \beta}$$

$$= \frac{b+a}{x+\dfrac{ab}{x}}$$

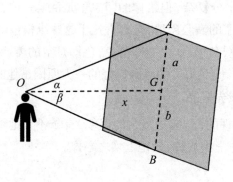

图 3.1　视角

取 $x+\dfrac{ab}{x}$ 为极小时，$\tan\theta$ 极大，θ 也极大。鉴于 $x+\dfrac{ab}{x}$ 极小值是

$$x+\frac{ab}{x}=2\sqrt{ab}$$

这时 $x=\sqrt{ab}$，故最大视角 θ 是

$$\theta=\tan^{-1}\frac{b+a}{2\sqrt{ab}}$$

可见视角与人、画之间的相对高度有关。

　　法国数学家兼物理学家拉格朗日（1736—1813 年）是一个狂士，他不服气牛顿，19 岁那年就创立"分析力学"欲超牛顿，他的视角是将力学科学看成是四维空间中的几何——3 个笛卡儿直角坐标和 1 个时间坐标（扩充了视野），就足以确定一个运动着的点在时空中的位置。拉格朗日看待力学的这种方式，后来被爱因斯坦应用到广义相对论。拉格朗日对牛顿的敬意中带有一点温和的讽刺味道，他说："牛顿无疑是特别有天才的人，但是我们必须承认，他也是最幸运的人：找到建立世界体系的机会只有一次。"他又说："牛顿是多么幸运啊，在他那个时候，世界的体系仍然有待发现呢！"

　　在《物理感觉从悟到通》一书中笔者曾介绍了物理视角的以大观小方法。这种方法"如人观假山"，是从高处进行全面的审美观照，可使画面包含更多的景象。由于不分近景远景,可使整个画面保持平衡的状态。中国古代许多山水画家并不写生作画,而往往在游历名山大川后凭记忆作画,经常放弃有视点固定的焦点透视而采用散点透视,以便使鉴赏者能通过想象进入画中漫游,其笔下的自然,则往往是经心灵渲染过的自然,是画家自有意志的心理创造。

前辈文字学家吕叔湘对"以大观小"画法注解为"以大观小"实寓"以高观下"之意,所谓"鸟瞰"也。诚然,以大观小,是为了兼顾到山前山后、屋内屋外的景致,但绝不是要把真山真水画得如同假山盆景那般小巧玲珑,失却真山真水的气魄。这是与如今社会上课外辅导学生的"搭积木法"相辅相成的,"积木"是指将物理的大厦分拆成很多柱状快(模块),分门别类,再细分专题,编成一个个的模块……我们目前的高中物理辅导都是此方法,将问题对号入座到模块。这对应付考试有好处,然久而久之,学习者便不能适应"模块"之外的题目,不能以大观小矣。

在中学阶段,"以大观小"往往指:

(1) 能先从守恒定律出发考虑,再考虑其他细节。

例 3.1　如图 3.2 所示,欲将质量为 m 的飞船发射到距离为 l 的一星球(直径 $2R$,质量 M)上,并正好以速度 v 掠过表面,求飞船发射速度 v_0 和发射角 θ?

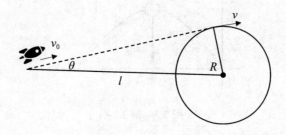

图 3.2　例 3.1 图

我们"以大观小",将相距遥远的两物视为眼前之物,飞船受星球的引力在飞行过程中始终通过星球球心,故相应的力矩为 0,于是在发射前后角动量守恒

$$mv_0 l \sin\theta = mvR$$

以及能量守恒

$$\frac{1}{2}mv_0^2 - \frac{GmM}{l} = \frac{1}{2}mv^2 - \frac{GmM}{R}$$

其中，G 是万有引力常数，解出

$$v = v_0\sqrt{1 + \frac{2GM}{lRv_0^2}(l-R)}$$

根据万有引力等于引力常量乘以两物体质量的乘积除以它们距离的平方，我们把 $\frac{GM}{R^2}$ 视为星球表面的重力加速度 $g_星$，上式变为

$$v = \sqrt{v_0^2 + 2g_星 R\left(1 - \frac{R}{l}\right)}$$

特别地，当 $l = R$，$v = v_0$，发射角 θ 则由下式决定

$$v_0 l\sin\theta = vR = \frac{R}{l}\sqrt{1 + \frac{2GM}{lRv_0^2}(l-R)}$$

例 3.2　如图 3.3 所示，从 O 点斜抛一个小球，质量为 m，初速度为 v_0，求球在空中某时刻 t 对 O 点的重力矩 $\boldsymbol{M}$。

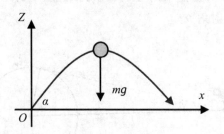

图 3.3　例 3.2 图

解　时刻 t 球对 O 点的矢径是 $\boldsymbol{r}$，与水平方向夹角是 α，重力矩为

$$\boldsymbol{M} = m\boldsymbol{g} \times \boldsymbol{r} = mgv_0 t\cos\alpha$$

（2）对物理问题能找到系统的代表点加以考虑，如考虑质心的运动。

例 3.3　如图 3.4 所示,长为 l,重 mg 的均匀细绳子的始端 A 固定在圆盘的圆心,在水平面上以角速度 ω 转动待细绳自动伸直,求细绳内任一点的张力。

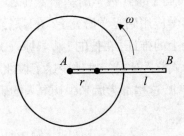

图 3.4　例 3.3 图

解　从绳子末端 B 量起的一段细绳,其另一端距离圆心 r,那么 $(l-r)$ 这段绳质量是 $(l-r)\dfrac{m}{l}$.采用"以大观小"法,考虑这段绳的代表点——质心,它距离圆心为

$$\frac{1}{2}(l-r)+r=\frac{1}{2}(l+r)$$

由质心运动定则,这段绳以角速度 ω 转动所需张力为

$$T=\left[(l-r)\frac{m}{l}\right]\frac{1}{2}(l+r)\omega^2=\frac{m}{2l}(l^2-r^2)\omega^2$$

可见 T 是 r 的函数,r 是任意取的,所以 T 就是离圆心 r 处绳的张力的通式,特别是当 $r=l$ 时,$T=0$;另一方面,当取 $r=0$ 时,$T=\frac{m}{2}l\omega^2$。

3.2　几何图像帮助建立物理心像

爱因斯坦说:"物理所追求的是以一个尽可能简单的思想系统,统合所有观察到的事实。"物理心像也是要简洁明了,这就需要数学上的综合,而不是单单物理上的综合。爱因斯坦的前辈牛顿在他的《自然哲学之数学原理》一书中专门加了"数学"二字,他告诉朋友说:"为了避免让那些在数学上知之甚少的人损害我的思想,我故意把《自然哲学之数学原理》写得深奥一些。"又例如，麦克斯韦把电磁的物理内涵归结为一个数学空壳，即是如今朗朗上口的麦克斯韦方程组。数学家笛卡儿最为世人熟知的成就是将几何和代数相结合，创立了解析几何学，他于 1637 年发明了现代数学的基础工具之一——坐标系。笛卡儿并将其坐标几何学应用到光学研究上，在《屈光学》中第一次对折射定律作出了理论上的推证；在他的《哲学原理》第二章中以第一和第二自然定律的形式首次比较完整地表述了惯性定律，并首次明确地提出了动量守恒定律，这些都为后来牛顿等人的研究奠定了一定的基础。

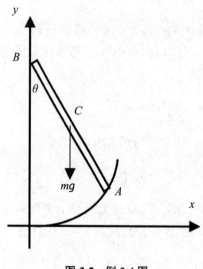

图 3.5　例 3.4 图

例 3.4　如图 3.5 所示，有重为 mg 的均匀杆，长为 l，一端 B 靠在光滑竖直墙上（取为 y 轴），另一端 A 支在一个曲线上，要使得此杆在此曲线上的任意点都能平衡，求此曲线的形状。

心像　若此均匀杆在此曲线上的某点不能平衡，它的质心必在竖直方向上产生位移，$mg\delta y \neq 0$，故随遇平衡要求质心 y_C 是个不变量。当杆身贴在竖直墙上时，$y_C = l/2$，当 A 端支在一个曲线上时坐标是 (x_A, y_A)，杆与竖直墙夹角是 θ

$$\frac{l}{2} = y_C = y_A + \frac{l}{2}\cos\theta \quad (x_A = l\sin\theta)$$

联立

$$l\cos\theta = l - 2y_A$$

得到

$$x_A^2 + (2y_A - l)^2 = l^2$$

可见曲线是一个椭圆。

　　受笛卡儿的启发,鉴于体系的力学状态是由所有粒子的坐标与动量决定的,物理学家引入坐标–动量 (q,p) 相空间,横坐标是 q,纵坐标是 p,把 q 乘 p 视为相空间中的元胞,(p,q) 的演化对应辛几何图像。认为 $\oint pdq$ 是一个新物理量,称为作用量。美国物理学家吉布斯继而将相空间的概念用于统计力学,提出系综的心像。在 N 个粒子所组成的经典统计力学中,按照吉布斯观点,一个给定的体系可以由处在相同的宏观条件下的与给定体系全同的大量体系（在极限情况下的无穷多体系）来代替。换言之,系综是想象许多性质相同的各自独立的力学体系所组成的,每个体系在给定时刻各处于某一运动状态,对应于相空间中的一个点, 相点随时间的演化由哈密顿正则方程决定,在相空间中"走出"轨迹。所以问题就变为确定系统在任何给定时刻如何分布于各种可能的运动状态中,系综就由相空间的点"云"来描述,即在时刻 t,在一个围绕着点的相空间小区域内找到某个点的概率,点"云"的形状会随时间改变,而相体积不变（刘维定理）。（类似于不可压缩的流体的运动）。作用量 $\oint pdq$ 后来被玻尔半经典量子化解释原子轨道理论。但是当过渡到全量子理论,根据海森伯不确定原理,不能同时精确地测定 p 和 q,就只能引入 Wigner 函数了,其 Radon 变换是在一根射线上投影,留下边缘分布。

　　这里举一个用几何图像确定运动状态的例子。

　　例 3.5　如图 3.6 所示,半径为 r 的圆盘在倾斜角为 α 的斜面上纯滚下。需要几个坐标来确定它在滚动中的位置及其约束方程呢?

　　作图　先确定盘心的位置 (x,y),知道纯滚动的特点是瞬心在圆盘与斜面的接触点,于是可写下转角 θ 的约束方程

$$\frac{\mathrm{d}x}{\mathrm{d}t} = r\frac{\mathrm{d}\theta}{\mathrm{d}t}\cos\alpha$$

$$\frac{\mathrm{d}y}{\mathrm{d}t} = r\frac{\mathrm{d}\theta}{\mathrm{d}t}\sin\alpha$$

故有

$$r\mathrm{d}\theta = \cos\alpha\mathrm{d}x + \sin\alpha\mathrm{d}y$$

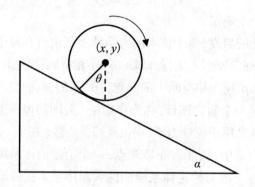

图 3.6   例 3.5 图

例 3.6   再举一个用笛卡儿坐标直接看出一个两重求和重排的公式:

$$\sum_{n=0}^{\infty}\sum_{m=0}^{\infty} C(m,n) = \sum_{n=0}^{\infty}\sum_{m=0}^{[n/2]} C(m,n-2m)$$

此式的证明见图 3.7 则一目了然,这里横轴是代表点 m 的集合,求和是按照图上箭头的方向。例如:

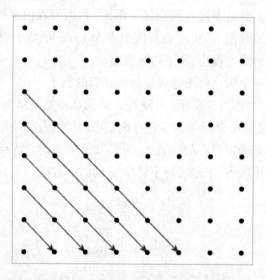

图 3.7   两重求和重排(横轴是 m,等式右边的求和是按箭头方向)

$$\sum_{m=0}^{\infty}\frac{y^{2m}}{m!}\sum_{n=0}^{\infty}\frac{y^{n}}{n!}H_n(x) = \sum_{n=0}^{\infty}\sum_{l=0}^{[n/2]}\frac{H_{n-2l}(x)\,y^n}{l!\,(n-2l)!}$$

其中，$H_n(x)$ 是厄密多项式。

3.3　建立心像归于简约

　　建立心像是观博返约的过程，在明理以立体的基础上，简言以达旨。心像必须是简约的，才能在脑海里被继续演绎。爱因斯坦有下面的观点："创造者只能记住最简单的解决办法，并坚信这种简单化的办法同样应该使世界变成可知的世界。"物理之心像的建立，贵在平淡，惜语遗意，自然生成。过几天再悟，有"似曾相识燕归来"之感。不能想象一团乱麻可理出头绪、一个繁复的思路能深入幽境。

　　能否尽量崇尚简洁反映了对理论物理的审美能力。实际上，自然界中的光也崇尚简洁。光的行径遵守费马原理。费马指出：光在指定的两点间传播遵守极短光程原理。也就是说，光沿光程值最小的路程传播。这是几何光学中的一个基本原理，称为费马原理。由此原理可证明，光在均匀介质中传播时遵从的直线传播、反射和折射定律以及傍轴条件下透镜的等光程性等。同样，科学论文语言的表达也要简洁。文章之境，莫佳于简练平淡，措辞表意，犹若自然天成。

　　历史学家吕思勉先生曾说：论文要以天籁为贵。天籁是文人学士穷老尽气期望到达的同一切科学研究的目标。理论物理学家尤其希望从尽可能少的假设或公理出发，通过数学推导或逻辑推理，尽可能多地说明物理现象，并预言可能的新的实验发现。正因为假设是尽可能少的，所以漂亮的理论物理成果是简洁的，它体现了精确性、可靠性和有效性，并有长久的科学价值。也许有人会说理论模型愈简单，就离现实愈远。然而，事实表明，愈简单的模型往往愈有用。

　　这说明当思维的智慧还未能把观察到的零散的事实联系成一体时，它是不会由博返约结出硕果的。这种理性的痛苦，最能激励学者继续思考，推动科学进步。

　　联想多个问题进行类比抽象出规律，这是由博返约的一层意思；另一层意思是浓缩知识，找出其源点与重点，分清主次，突出核心。

　　古人云：人各有能有不能。理论物理的训练使我们从不能到能，陶冶了我们对简洁美的认知与享受、对数量级的估计、对不确定性宽容而采取的正确近似,真正达到由博返约的境界。

有诗为证:

> 物理之妙在于简,造物原本怕琐繁。
> 曲径通幽欲将直,深渊卧龙也觉浅。
> 公式形换左右代,定理咀嚼首尾甜。
> 谁言物性即人性,直觉几曾闪脑间。

上面说过,好的物理老师要训练自己会出有简明答案的简单问题,这是为何呢?

因为在出简单题的基础上,可联袂不穷,引申推广;而在处理有简明答案的题时,则体现简约直接,一题多解,举一反三,类比旁证,并可腾挪贯通到多个物理领域。终极目标是为了物理分析追溯原始、回归至简,语约中的,意赅见深,联类触旁,授人以渔,启动心窍。换言之,建立心像要归于简约。

例 3.7　如图 3.8 所示,一个刚性球在间距为 l 的两堵弹性墙间来回运动,当两墙间的距离缓慢变化时,球的速度 v 与尺度 l 之积是绝热不变量。

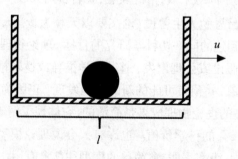

图 3.8　例 3.7 图

可作如下考虑:设一堵墙以速度 u 缓慢运动,球撞在墙上的前、后速度相对于地面分别是 $\frac{p}{m}$ 和 $\frac{p'}{m}$,相对于墙分别是 $\frac{p}{m}-u$ 和 $\frac{p'}{m}+u$,球与墙是弹性碰撞保证了

$$\frac{p}{m}-u=\frac{p'}{m}+u$$

所以每次碰撞后球的动量从 p 变为 $p' = p - 2mu$。将墙移动 δl 所需的时间 $\delta l / u$ 内除以球撞一个来回的时间 $\dfrac{2l}{\dfrac{p}{m}}$，得到墙移动 δl 时间内球撞的次数

$$\frac{\delta l}{u} \div \frac{2l}{p/m} = \frac{p\delta l}{2mul}$$

于是墙移动 δl，球的动量改变为

$$\delta p = -2mu \times \frac{p\delta l}{2mul} = -\frac{p\delta l}{l}$$

即为

$$l\delta p + p\delta l = \delta\left(pl\right) = 0$$

所以 pl 是个不变量。

这也可以这样来理解：球的速度是 v，故动能 $E = mv^2/2, v = l\omega$，ω 是碰撞频率，$l/T = 2\pi\omega$，所以 $E/\omega \sim \dfrac{v^2}{\omega} = lv$ 是浸渐不变量，或 lp 是浸渐不变量，$p = mv$。lp 被称为是相体积。

我们还可以更直观地分析电路中的绝热不变量，在经典电磁学理论，一个 LC 电路的振荡频率是 $\omega = \dfrac{1}{\sqrt{LC}}$。现在讨论当平行板电容器电解液体缓慢腐蚀变化时，介电常数改变，求 LC 电路的浸渐不变量。

如图 3.9 所示，假设电路的电容是板面积为 A 的两平行板电容器，相距 D，填满介电常数为 ε 的材料，那么

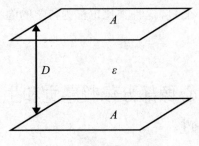

图 3.9　平行板电容器

$$C = \frac{\varepsilon A}{D}$$

每块板带电为 Q,根据电磁学知识,电容器储能

$$W = \frac{Q^2}{2C} = \frac{Q^2}{2\varepsilon A} D$$

分开两块板所需的作用力做功

$$\delta W = W' - W = \frac{Q^2}{2C'} - \frac{Q^2}{2C} = \frac{Q^2 (D + \delta D)}{2\varepsilon A} - \frac{Q^2}{2\varepsilon A} D = F\delta D$$

所以一块板对另一块板的作用力 F 为

$$F = \frac{Q}{2A\varepsilon} Q = \frac{1}{2A\varepsilon} CE = \frac{E}{2D}$$

这也正是分开两块板所需的作用力, 这里的 E 是 LC 电路平均总能量, 包括电感能和电容能, 在平均意义下电感能等于电容能, 因此 $E = \frac{Q^2}{C}$,电感不变,所以

$$\delta E = F\delta D = \frac{E}{2D}\delta D$$

积分得到

$$\ln E = \ln \sqrt{D}$$

$E/\sqrt{D}$ 是常数。从 $C = \frac{\varepsilon A}{D}$ 可知 $\delta\varepsilon \sim 1/\delta D$,现在介电材料缓慢腐蚀变化,常数 ε 缓慢变小,相当于电容老化,所以

$$\ln E \sim \ln \frac{1}{\sqrt{\varepsilon}}$$

$$\omega = \frac{1}{\sqrt{LC}} \sim \frac{1}{\sqrt{\varepsilon}}$$

E/ω 是浸渐不变量。

至此,我们找到了量子 LC 电路的绝热不变量,它在形式上类似上述弹簧的绝热不变量,这种类比也称为科学的隐喻,是产生新心像的途径之一。

3.4 建立心像部分依赖感觉和生活经验的相似性

觉察物理相似性是前进的助推器,麦克斯韦善于从类比中悟出共性,他写道:"为了不通过一种物理理论而获得物理思想,我们就应当

熟悉现存的物理相似性。所谓物理相似性,我认为是在一种科学定律和一些能够相互阐明的定律之间存在着的局部相似。"

例 3.8 一艘帆船在静水中顺风前行,风速(对地面)为 v_0,风向垂直于帆面,问当帆船速度 v 为多大时,风给帆船的帮助最大?设风对帆的作用是弹性碰撞。

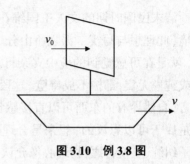

图 3.10 例 3.8 图

心像 如船速 $v \approx v_0$,则顺风相对于帆的速度几乎为零,风力徒劳;如 $v \approx 0$,风不能借船势,故必然在某个帆船速度下,风起到的作用最大。每个空气分子的动量改变量是 $2m(v_0 - v)$,空气密度是 n,Δt 时间内弹性碰撞帆面的分子数 $nS(v_0 - v)\Delta t$,故而风力为

$$F = 2nmS(v_0 - v)^2$$

船获得的功率是

$$P = Fv = nmS(v_0 - v)^2 \, 2v$$

从

$$\frac{\mathrm{d}P}{\mathrm{d}v} = nmS[2(v_0 - v)2v + 2(v_0 - v)^2] = 0$$

可知当 $v = v_0/3$ 时,风给帆船的帮助最大,功率为

$$P = nmS\left(\frac{2v_0}{3}\right)^3$$

此题说明先初设心像,后建立方程。

引申 此题告诉我们一个道理,一个人要取得进步,首先自身需要付出努力,外界帮助才能起到作用。但努力到什么程度,外界的帮助效率最高呢?所谓,行舟乘风势,人需贵人扶。

3.5   物理心像允认虚构

清末民国时期的文人王国维在《人间词话》中写道:"有造境,有写境,此理想与写实二派之所由分。然二者颇难分别。"即我们学着作诗,就是在可感觉到的境中夹杂可思议的或憧憬不可思议的,纯实无虚或纯虚无实,都构不成诗境。这段话很适用于物理心像,对物理学家而言,自然界有的东西可以直接感觉其存在,但有的不能被直接感觉,却是属于可以思议的,想来是合理的;更有可感觉却不可思议的(如量子纠缠)。换言之,物理心像允认虚构。

例 3.9   如图 3.11 所示,一根均匀杆 AB 重 800 N,B 端放在粗糙的地面上,在 A 端用最小的力 F 将 A 提起而 B 端刚要移动却无位移,此时杆 AB 与地面成 30°,求此时 B 端处地面承受的压力 N 和最大静摩擦力 f。

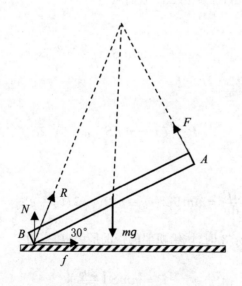

图 3.11   例 3.9 图

解   心中想象此杆是有一根线在杆的质心处将它吊起,均匀杆两端受力如图 3.11 所示,力 R 是摩擦力 f 和与地面垂直的弹力 N 的合力。R,F 和杆的重力 mg 三线交于一点,这一点是虚构的心像。

由几何关系和正弦定理得到

$$N = 500 \text{ (N)}$$

$$f = 173 \text{ (N)}$$

此题使我们想到虚位移方法：在分析静力学时，心像是在不违背约束的情况下想象静物运动起来。

对于虚位移，则作用在系统上的主动力所作元功之和为零。

3.6　建立心像落实在选好合适的观测者和相应的坐标系

清代文学评论家刘熙载说，"在外者物色，在我者生意，两者相摩相荡而赋出焉"。他说的是作赋，其实作物理题也是如此。解题人的心像与实在的东西要"相摩相荡"，知一重非，进一重境，须几个来回才能建立契合的互畅其宅的心像。

例如，关于原子模型，玻尔以电子轨道为心像；海森伯则不以为然，他以能级之间的跃迁频率和振幅为心像，并提出测不准原理。后来玻尔将其调整为对应原理，既可以用波动的心像，也可用粒子的心像。

关于物理量在过程中的演化，需清楚守恒定律适用的参考系。这里举一个通过选择合适的观测者和相应的坐标系建立心像，设身处地来解物理题的例子。

例 3.10　如图 3.12 所示，在水平线上有两个相同的小球相距 L，处于水平静电场 E 中，A 球带电量 q，B 球不带电，A 球在电场力驱使下撞击 B 球，设是正弹性碰撞，无电量再分配，无摩擦，碰撞一次后 A 球受电场力再度撞击 B 球，求相继两次碰撞的时间间隔。此题若能将建立心像落实在适当的观测系，就较容易解。

由于 $L = \frac{1}{2}at^2$，$a = Eq/m$，A 球第一次碰撞 B 球所需时间为

$$t = \sqrt{\frac{2L}{a}} = \sqrt{\frac{2L}{\frac{Eq}{m}}}$$

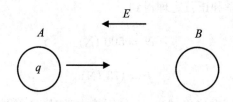

图 3.12　例 3.10 图

因为是正弹性碰撞,在第一次碰撞后,B 球以速度 $v = at$ 运动,此刻我们选择 B 球为观测者,它见 A 球以 v 退去,然而它在电场力驱使下继续迎头撞来,需时间 $2t$,此即相继两次碰撞的时间间隔。以后我们继续选择 B 球为观测者,则相继两次碰撞的时间间隔总是为 $2t$。

例 3.11　如图 3.13 所示,在流速为 v 的河道上,一条船的马达以恒定的速度行驶去接对岸 A 处的客人,船的静水速度也是 v,舵手始终把船头对准 A 点,求此船的轨迹。

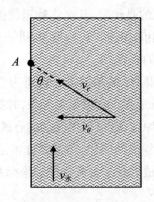

图 3.13　例 3.11 图

心像之一　因为顺水流的冲击,虽然船头始终对准河岸上的 A 点,实际上不能停泊在 A 处。设身处地设想 A 处的客人可能有的心像,因为他始终盯着船的轨迹,所以他以 A 为原点建立极坐标系,船的静水速度方向在径向。如图 3.13 所示,将船与 A 点的连线夹河岸的角记为 θ,船的径向速度为(指向原点为负)

$$v_r = -v - v\cos\theta$$

船的横向速度

$$v_\theta = v \sin \theta$$

故

$$\frac{v_r}{v_\theta} = -\frac{v(1+\cos\theta)}{v\sin\theta} = -\cot\frac{\theta}{2}$$

心像之二 通过 v_r 与 v_θ 的关系来建立 θ 与 r 的关系

$$v_\theta = r\dot\theta, \ v_r = \dot r = \frac{\mathrm{d}r}{\mathrm{d}\theta}\dot\theta, \frac{v_r}{v_\theta} = \frac{1}{r}\cdot\frac{\mathrm{d}r}{\mathrm{d}\theta}$$

故

$$\frac{\mathrm{d}r}{r} = -\cot\frac{\theta}{2}\mathrm{d}\theta$$

简单积分看出

$$\ln r = -2\ln\sin\frac{\theta}{2}$$

差到一个积分常数。即

$$r = \frac{C'}{1-\cos\theta}$$

可见船的轨迹是以 A 点为焦点的抛物线。

心像之三 此题可与引力势中的星球运动轨迹联想起来,但要注意与本题不同的是,星球受的是向心力(加速度)始终指向焦点。

例 3.12 如图 3.14(a)所示,3 个全同的圆柱体(每个重力为 W)如图所示堆砌在地上,处于稳定平衡,问三者最松弛情形下,圆柱体与地面之间摩擦力 f 是多少?

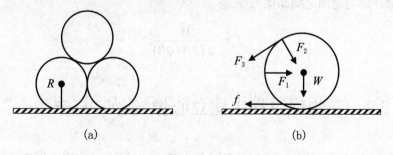

(a)   (b)

图 3.14 例 3.12 图

此题读来的初步感觉似乎题面少给了摩擦系数的说明。但有运动倾向,便会有摩擦力 f。f 使得右下圆柱体去顶左边的圆柱体,引起

反作用 F_1, 如图 3.14（b）所示, 令 F_3 和 F_2 分别是顶上圆柱体给右下圆柱体的切向摩擦力和正压力, 右边圆截面的受力分布在竖直方向上有

$$F_2 \cos 30° + F_3 \sin 30° + W = \frac{3W}{2}$$

鉴于水平方向上有

$$F_1 + F_2 \cos 60° = f + F_3 \cos 30°$$

因为右下圆柱体没有滚动, 故两个切向力所产生的力矩大小相等, 方向相反, 其他的力的作用线都通过圆心, 不产生力矩, 故

$$F_3 R = fR$$

所谓三者最松弛情形下, 指在临界状态, $F_1 = 0$, 即下面两个圆柱体之间互相不挤压, 即

$$2f(1 + \frac{\sqrt{3}}{2}) = F_2$$

联立

$$F_2 \frac{\sqrt{3}}{2} + \frac{f}{2} = \frac{W}{2}$$

导出

$$\sqrt{3}f \left(1 + \frac{\sqrt{3}}{2}\right) + \frac{f}{2} = \frac{W}{2}$$

圆柱体与地面之间摩擦力 f 是

$$f = \frac{W}{2\left(2 + \sqrt{3}\right)}$$

3.7 在物理过程中建立心像, 例如"打击中心"

物理心像的揣摩不仅仅是对静态的物理场景, 对于研究物理过程的心像也应注意建立。

解物理题, 固然要事先了解相应的定律和公式, 相当于世之善弈者, 未有不专心致之于弈谱, 仍有得心应手之一侯。然而, 对局之际, 检

谱以应动,则如胶柱鼓瑟。也就是说,在真正解题时,却不应只会套公式,而是窥意像而运斤。

对于物理过程需做到三个胸中有数。

胸中有数之一:清楚知道什么是原有物理量,哪个是导出物理量,哪个是对于解此题必须新引入的物理量。

$\mathbf{Q}$ 例如,讨论"打击中心"。想象自己是篮球运动员,举手投篮时被对方后卫打手犯规,不但手痛,手臂轴也会痛,这是为什么?

又如撑竿跳高(pole vault)是一项运动员经过持竿助跑,借助撑竿的支撑腾空,在完成一系列复杂的动作后越过横杆的运动。因为抗弯性能好的金属杆在插入插穴时会产生很大的冲击力,要求运动员必须具有发达的上肢力量。而且,运动员两手持竿是手心相向,在插竿入穴时给竿杆的上部一个力偶,这样一来,竿的上下两端都受到与运动员助跑方向逆向的冲击,而人与杆的惯性却是往前,于是竿就成了弯弓状态,动能转化为弓杆的势能,弓恢复直形时将运动员弹起,再加上其本身的弹跳地面的力,他就可以腾空很高,同时再发挥臂力、腿力加大转动惯量越过横杆了。可见,撑竿跳高给物理学家的感觉就是一个集中学几乎所有的力学知识于一体的问题。

尝试建立刚体受冲击瞬时其悬挂点受的冲击力的物理模型。

例 3.13　如图 3.15 所示,悬挂在 O 的物体重 M,重心在 G,在某点 D 受冲击 P,冲量 P 方向与 OG 成 θ 角,冲量 P 力线与 OG 延长线交与 Q 点,那么在悬挂点 O 也会感到冲量,在水平方向冲量分量是多少?

解此题必须引入新的物理量:

设在水平方向冲量分量是 X,竖直方向分量分量是 Y,它们有待于导出。

令 $OG = l_0$, $GQ = b$,记受打击前、后重心的水平方向分速度 u_{2x}, u_{1x};竖直方向分速度力 v_{2y}, v_{1y};角速度为 ω_2, ω_1,则

$$u_{2x} = l_0 \omega_2, \quad u_{1x} = l_0 \omega_1$$

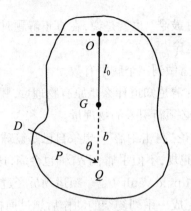

图 3.15　例 3.13 图

水平方向冲量引发的对于质心的牛顿第二定律方程是

$$P \sin \theta + X = M \left(u_{2x} - u_{1x} \right)$$
$$= M l_0 \left(\omega_2 - \omega_1 \right)$$

故

$$X = M l_0 \left(\omega_2 - \omega_1 \right) - P \sin \theta$$

竖直方向冲量的效果是

$$-P \cos \theta + Y = M \left(v_{2y} - v_{1y} \right) = 0$$

故而悬挂点受的竖直方向冲量是

$$Y = P \cos \theta$$

对重心 G 的冲量矩引发的转动效果

$$P b \sin \theta - X l_0 = I \left(\omega_2 - \omega_1 \right)$$

式中，I 是绕重心 G 的转动惯量，$I = M r^2$；$r = \sqrt{\dfrac{I}{M}}$ 是转动（回转）半径。在上式中代入

$$X = M l_0 \left(\omega_2 - \omega_1 \right) - P \sin \theta$$

得到

$$\omega_2 - \omega_1 = \frac{P \sin \theta (b + l_0)}{M \left(l_0^2 + r^2 \right)}$$

$M\left(l_0^2+r^2\right)$ 实际上是对于悬挂点的转动惯量,它暗示了转动惯量的平移公式。故而结合本题第二式得到

$$P\sin\theta + X = l_0\frac{P\sin\theta(b+l_0)}{l_0^2+r^2}$$

悬挂点受的水平冲量

$$X = P\sin\theta\left[\frac{(b+l_0)\,l_0}{r^2+l_0^2}-1\right] = \frac{bl_0-r^2}{r^2+l_0^2}P\sin\theta$$

可见当刚体作定轴转动时,如果受到外力打击,一般都会在支点处产生较大的附加力,这种力在实际应用中往往危害很大。但是,当外冲量作用在刚体上某个特殊位置时,这时附加压力可以部分地消除,这个外力作用的特殊位置,就是刚体的打击中心。当

$$b = \frac{r^2}{l_0} = \frac{I}{l_0 M}$$

时,$X=0$,悬挂点未感到水平方向冲量,满足此方程的 b 的所在处,称为打击中心,这是一个导出物理量。

　　思考　一根均匀细棒,其一端用支轴悬挂,问在支轴下何处碰击细棒,可使得细棒对此轴平稳摆动?

　　例 3.14　如图 3.16 所示,一根均匀杆长 l,绕 O 点转,其自由端点 Q 转动到 A 点受阻,设 Q 与 A 相撞的瞬间受到的冲力 P,求 O 轴受到的冲力 X。

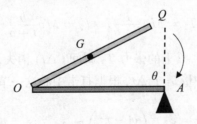

图 3.16　例 3.14 图

　　解　对照例 3.13 的公式 $Y = P\cos\theta$ 知道此题中 $\theta = 90°,Y = 0$,O 轴在竖直方向未受打击。此杆绕其质心 G 的转动惯量是 $ml^2/12$,

回转半径 $r^2 = \dfrac{I}{m} = \dfrac{l^2}{12}$. 对应于上题中的 $l_0 = \dfrac{l}{2}$, 故 $b = QG = \dfrac{l}{2}$, 所以由上题结论知道

$$X = \frac{bl_0 - r^2}{r^2 + l_0^2} P \sin 90^o = \frac{l^2/6}{\dfrac{l^2}{12} + \dfrac{l^2}{4}} P = \frac{1}{2} P$$

故而,对于 O 轴的打击在 X 方向是冲力 P 的一半。

Q 讨论突然移去力的冲击。

例 3.15   如图 3.17 所示,一物体在 O、Q 处分别受两根绳悬挂于天花板两点,突然 Q 处一根断了,求另一根受到的张力。

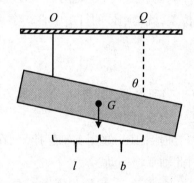

图 3.17   例 3.15 图

设物体重心在 $G, OG = l, GQ = b$, 断开前,两根绳的张力

$$T_1 = Mg\frac{l}{l+b}, \quad T_2 = Mg\frac{b}{l+b}$$

突然其中一根断了,其上的张力 T_2 瞬间(Δt)消失,可以想象为物体在 Q 处受打击,冲量是 $T_2\Delta t$,根据打击中心这一节的公式可知水平方向 O 受冲击

$$X = \left(\frac{bl - r^2}{r^2 + l^2}\right) T_2 \Delta t \sin \theta$$

相应的冲力是

$$F_x = \frac{X}{\Delta t} = \left(\frac{bl - r^2}{r^2 + l^2}\right) T_2 \sin \theta = Mg\frac{b}{l+b} \cdot \left(\frac{bl - r^2}{r^2 + l^2}\right) \sin \theta$$

冲力在竖直方向是

$$F_y = \frac{Y}{\Delta t} = Mg\frac{l}{l+b}\cos\theta$$

所以另一根绳受到的张力

$$T \rightarrow T_1 - F_x\sin\theta + F_y\cos\theta$$

思考　一质量为 m 的粒子以速度 v 撞击在一根杆（长 L，质量 M）的顶端后停止，撞击方向与杆垂直，求杆受撞击后的质心速度（　　）。

A. $\dfrac{m}{m+M}v$　B. $\sqrt{\dfrac{m}{m+M}}v$　C. $\dfrac{3m}{M}v$　D. $\sqrt{\dfrac{m}{M}}v$

胸中有数之二：题中所指的物理过程可否有更约化的场景来代替。

例 3.16　如图 3.18 所示，一根均匀柔软铁链重 Mg，长 $2l$，链的两端 A 和 B 并排挂于天顶上某一点，突然链的 B 端在这点上脱钩，求 B 端下落距离 x 长后 A 端受的力。

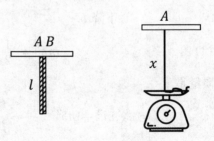

图 3.18　例 3.16 图

解此题，可想象铁链的中点处有一个天平秤盘，链的一半竖直向盘中掉下，只要算出秤盘的读数加上 $Mg/2$ 即得 A 端受的力。

设往下掉的那一半铁链单位长度的质量是

$$m = \frac{\dfrac{M}{2}}{l}$$

在已经落下 x 长链条的时刻, $\mathrm{d}t$ 内链条继续下落微小长度 $v\mathrm{d}t$, 携带动量 $(mv\mathrm{d}t)\,v$, 落到天平秤上静止, 故动量变化率为

$$\frac{\mathrm{d}p}{\mathrm{d}t} = mv^2$$

此刻链条的速度（运动学中的关于加速度的知识）

$$v^2 = 2gx$$

故天平秤受到的压力（考虑到已有 x 长的链条在天平秤上）为

$$P = 2mgx + mgx = 3mgx$$

故而 A 端受的力是

$$F = \frac{Mg}{2} + 3\frac{Mg}{2l}x$$

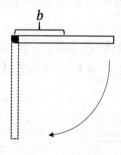

例 3.17　（类比题）如图 3.19 所示, 均匀杆长 l, 转轴离杆的质心距离是 b, 右端吊起处于水平状态, 右端突然脱钩, 问 b 取多少, 杆下垂到竖直位置时角速度最大?

$text$解　杆下垂到竖直位置时, 质心下降 b

图 3.19　例 3.17 图

$$mgb = \frac{1}{2}I\omega^2$$

杆绕转轴的转动惯量是

$$I = \frac{1}{12}ml^2 + mb^2$$

代入前式得到

$$2gb - \left(\frac{1}{12}l^2 + b^2\right)\omega^2 = 0$$

为了求极值, 对 b 求导, 可知极值在

$$\omega^2 = \frac{g}{b}$$

代回本题第一式得到

$$mgb = \left(\frac{1}{12}ml^2 + mb^2\right)\frac{g}{2b}$$

解出

$$b^2 = \frac{1}{12}l^2$$

即当转轴设在离开质心的距离为

$$b = \frac{1}{2}\sqrt{\frac{1}{3}}l < \frac{1}{2}l$$

在这种情形下,杆下垂到竖直位置时,角速度最大,为

$$\omega^2 = \frac{g}{b} = \frac{2\sqrt{3}g}{l}$$

胸中有数之三:注意物体处于特殊状态时的心像。

例 3.18　如图 3.20 所示,一物 m 经一根绳子绕过一定滑轮再系上水平放置的一根弹簧,弹簧另一端系于固定的墙,定滑轮半径为 r,转动惯量 J,滑轮与绳子间无滑动,将绳子拉直后让物体从弹簧无伸长时下垂,求:

（1）弹簧伸长的最长距离;

（2）在此过程中,物体的最大速度是多少?

（3）最大速度时相应的位置为何?

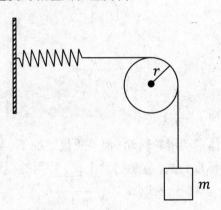

图 3.20　例 3.18 图

心像　弹簧伸长到最长时,无速度,滑轮也不转,物体下降损失的重力势能被弹簧势能积蓄

$$mgx_{最大} = \frac{1}{2}kx_{最大}^2$$

弹簧伸长的最长距离

$$x_{最大} = \frac{2mg}{k}$$

开始, 物体受重力加速下降, 拉动弹簧, 加速度渐渐减小, 故必有一最大速度 v, 这时刻弹簧必在 $x = \frac{mg}{k}$ 的位置 (平衡位置), 因为当 $x > \frac{mg}{k}$ 时, 弹簧力 $> mg$, 就要减速了。所以, 相应于物体最大速度的位置为

$$x = \frac{mg}{k}$$

用能量守恒关系

$$\frac{1}{2}kx^2 + \frac{1}{2}mv^2 + \frac{1}{2}J\omega^2 = mgx$$

由 $v = r\omega$, 得到在此过程中, 物体的最大速度

$$v^2 = \frac{mgx - \frac{1}{2}kx^2}{\frac{1}{2}\left(m + \frac{J}{r^2}\right)} = \frac{(mg)^2}{k\left(m + \frac{J}{r^2}\right)}$$

请联想弹簧在中心位置的振动速度。此物体做简谐振动

$$v = \frac{mg}{\sqrt{k\left(m + \frac{J}{r^2}\right)}}$$

频率为

$$\omega = \sqrt{\frac{k}{m + \frac{J}{r^2}}}$$

似乎物体质量增加了 $\frac{J}{r^2}$。

心像 此物体带动滑轮转动, 似乎质量增加了 $\frac{J}{r^2}$, 做简谐振动, 根据弹簧频率的标准公式, 立刻得到上式, 特别的, 当定滑轮是圆环状, 质量是 M, $J = Mr^2$, 所以 $\omega = \sqrt{\frac{k}{m + M}}$。

3.8   心像的建立是不断校正的过程

心像的建立是个不断校正的过程。有些物理问题, 乍一看, 似乎立刻可得其解, 然而似是而非, 只有经过深思熟虑或数学推导后才得以

改正。

例 3.19　如图 3.21 所示，A 处有一街灯离地面高 h，恰有一小球以速度 v 从 A 处水平发出，刚好落在地面与墙角交汇 B 处。街灯发出的光将小球的运动投影到这堵墙上，问小球的影子作何运动？此题在《物理感觉启蒙读本》中曾讲过，这里再叙述一次是为了说明不要太相信先入为主的心像。

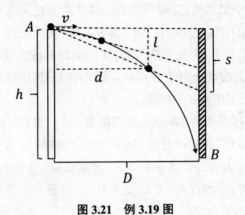

图 3.21　例 3.19 图

这是一个几何感觉题。乍一看，既然小球在竖直方向做匀加速运动，那么光将小球的运动投影到这堵墙的影子也作匀加速运动，但这初始的心像是不对的。

画图：小球做平抛运动，在 t 时刻，水平方向 $d = vt$，在竖直方向

$$l = \frac{1}{2}gt^2, \quad h = \frac{1}{2}gT^2$$

题中没有给出街灯离墙的距离 D，但从小球刚好落在地面与墙角交汇 B 处可得

$$D = vT = v\sqrt{\frac{2h}{g}}$$

由相似三角形性质

$$\frac{l}{s} = \frac{d}{D} = t\sqrt{\frac{g}{2h}}$$

小球在墙上的影子"走"了 s 米：

$$s = l\sqrt{\frac{2h}{g}}/t = \sqrt{\frac{gh}{2}}t$$

式中，gh 是个常数，所以小球的影子做匀速运动。可见心像正确与否尚需验证。

清代桐城派名家姚鼐的文章《与伯昂从侄孙一首》，其中写到如何学写诗："……先取一家之诗熟读精思，必有所见。然后又及一家，知其所以异，又知其所以同。"而自学物理方法则是将一道题从各个角度分析透彻，然后再做第二道不雷同的题。姚鼐又指出："至其神妙之境又须于无意中忽然遇之，非可力探。然非功力之深终身必不遇此境也。"而想要在自学物理中出心像，臻美入境，需十分功力也。用功至久，直觉会突兀而生，说是无意而遇，实为期许真诚感动神灵。回忆笔者范洪义先生发明量子力学 ker-bra 算符的积分理论也是在无意中忽然想到，但这是用功至久的结果。

物理是意蕴深远的学问，经得起推敲，故而耐看。这便要求学物理者要养成"耐看"的阅读习惯，从多个角度审视同一个物理定律，方能得其真趣。古人有云："贪游名山者，虚耐仄路；贪食熊膰者，须耐慢火；贪看月华者，须耐深夜；贪看美人者，须耐梳头。看书亦有宜耐之时。"这里所谓的宜耐之时，即使书中的最精华处，值得慢慢品味，齿颊生香，津液自出。从渐悟到顿悟，参透物理，心像自出。

第4章 几个典型的心像:质心、折合质量和瞬心

人们针对物体运动的量度建立的心像有两种:一是瞬时量——平动动量 mv,转动角动量 $I\omega$;另一是累积量,物体运动平动能——$\frac{1}{2}mv^2$,或转动能 $\frac{1}{2}I\omega^2$,两者皆可储存为势能。动量与动能两者的关系如下:

$$\int_0^v mv\mathrm{d}v = \frac{1}{2}mv^2$$
$$\frac{\mathrm{d}}{\mathrm{d}v} \cdot \frac{1}{2}mv^2 = mv$$
$$\frac{\mathrm{d}}{\mathrm{d}\omega} \cdot \frac{1}{2}I\omega^2 = I\omega$$

成语"来势汹汹"说的是动能,成语"横冲直撞""怒发冲冠"说的是动量或冲量。有一次,笔者的一个抽屉锁的钥匙齐根断在锁芯里,用镊子都不能将断钥取出,后来想到冲量,便一手紧抓住锁不动,另一手用锤子敲击一下锁背,断钥瞬间就落下了。

思考 多强的"怒"能使得头发竖立而冲动 2 两重的冠呢?

以上是动力学心像,下面介绍运动学意义下的心像:质心、瞬心和折合质量,它们都是物理学家构思出来的典型的心像。物理学家更有"静化动""动化静"的心像,例如,虚功原理是静化动的心像,虚牵一发而动全身所做的功为零,是一种特殊的心像。而达朗贝尔原理则是想象有虚力能使动态化为平衡态。

4.1　质心和折合质量

4.1.1　质心

质心概念的提出,是物理学家建立心像的一个典型例子。自然界中形状复杂的物体本身并没给你显示什么是它的质心,质心完全是人脑自由意志的产物,是人从物体中抽象出来的东西。注意质心的概念与重心是有区别的,就像质量与重量的区别。用通俗的话来说,质心就是物体的"主心骨",了解了它的行踪,就掌握了物体的一半动向,其他的蛛丝马脚,就动力学而言,不知也可。

质心的概念非常重要,例如了解地球和月亮的质心,是理解潮汐运动必不可少的。

对于多体,使用质心系容易建立心像。质心系的概念是可以想象出来的。想象一个人骑在系统的质心上观察周围一切,便是用了质心系。例如,乐队指挥家的指挥棒不慎斜向飞出,不管棒如何翻滚,棒的质心的运动轨迹只能是在重力场中的斜抛运动。

例4.1　如图 4.1 所示,设长为 L 的均匀指挥棒原来水平静置,突然在离中心 d 处受竖直向上冲量 $F\Delta t$,问指挥棒如何运动?

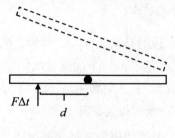

图4.1　例4.1图

记质心速度为 v_c

$$F\Delta t = m v_c$$

绕质心转动的方程受冲量矩支配

$$Fd\Delta t = I\bar{w}, \quad I = \frac{1}{12}mL^2$$

故而指挥棒绕质心转动的角速度是

$$\bar{w} = \frac{12Fd\Delta t}{mL^2}$$

在多粒子系统中,相对于某个原点的第 i 个粒子位置矢量是 $\boldsymbol{r}_i$,定义

$$\boldsymbol{r}_c = \frac{\sum\limits_i m_i \boldsymbol{r}_i}{\sum\limits_i m_i}$$

为系统质心的位置。质心与各个质点之间的距离与其质量成反比。

例 4.2　月球的质量 m 是地球质量 M 的 0.013 倍,月球心到地球心的距离为地球半径 R 的 60 倍,$R = 6370$ km,取地球心为坐标原点,那么,质心位置

$$\frac{M \times 0 + m \times 60R}{M + m} = 4\,905(\text{km})$$

可见质心在地球内部,月球心和地球心都绕着它转动。

例 4.3　如图 4.2 所示,两粒子分别黏在两根互为垂直的刚性轻杆上,两轻杆交点挂在墙上 O 点可自由转动,起初 OA 杆在水平位置,OB 杆与之垂直,$m_B = 2m_A = 2m$,$OA = 2l$,$OB = l$,求 A 处粒子(质量 m)在转动过程中的最大速度。

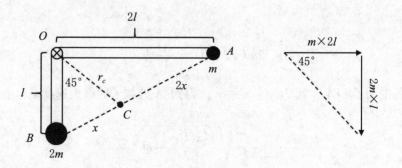

图 4.2　例 4.3 图

解　解此题的心像是找到此系统的质心,因为 A 粒子转动的最大速度发生在系统的质心下落到最低点。所以,我们先求质心位置 C。

取 O 点为坐标原点,r_c 是质心的矢径,则由

$$r_c = \frac{\sum_i m_i r_i}{\sum_i m_i}$$

可得矢量加法

$$r_c = \frac{2l m_A e_x + m_B l e_y}{m_A + m_B}$$

e_x, e_y 分是 x 方向和 y 方向的单位矢量,故质心矢径的大小是

$$|r_c| = \frac{\sqrt{(2l m_A)^2 + (m_B l)^2}}{3m} = \frac{\sqrt{8}}{3} l$$

其中,$2l m_A = m_B l$,故矢径方向偏开了竖直线 $\theta = 45°$,见矢量合成图。再把此系统的摆动看作是质心有 $3m$ 重的小球的单摆,摆长就是 $\frac{\sqrt{8}}{3}l$,质心摆到竖直位置势能减少

$$3mg\frac{\sqrt{8}}{3}l(1 - \cos\theta) = \sqrt{8}mgl\left(1 - \frac{\sqrt{2}}{2}\right)$$
$$= \frac{1}{2}m_A v_A^2 + \frac{1}{2}m_B v_B^2$$
$$= \frac{3}{4}m v_A^2$$

即

$$2gl(\sqrt{2} - 1) = \frac{3}{4}v_A^2$$

其中用了 $OA = 2OB$,$v_B = \frac{1}{2}v_A$,得到 A 处粒子的最大速度是

$$v_A = \sqrt{\frac{8\left(\sqrt{2} - 1\right)}{3}gl}$$

(此题如改用微元-积分法可得同样结果)。

例 4.4　如图 4.3 所示,一根链条长 l、重 m,大部分在光滑桌面上,有一小段悬空着,在重力作用下链条末端刚脱离桌面时,链条的速度如何?

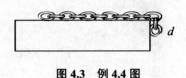

图 4.3　例 4.4 图

解　这是个变悬空质量的问题,比较复杂,但是如果用质心这个心像,就较容易。

先考虑起初链条全部在光滑桌面上,取桌面为零势能位置,则链条的质心起初在零势能位置,链条末端刚脱离桌面时质心下降 $l/2$,由能量守恒得到

$$\frac{mgl}{2} = \frac{mv^2}{2}$$

所以

$$v = \sqrt{gl}$$

试比较与自由落体粒子的速度公式。

我们再考虑链条起初有一小段(长为 d)悬空着的情况,设链条的线密度是 η,其质心起初在竖直方向(y 方向)的位置是由两段分链条的位置决定

$$y_0 = \frac{\eta\,(l-d) \times 0 + \eta d \times \dfrac{d}{2}}{m} = \frac{\eta d^2}{2m}$$

链条刚好全部脱离桌面,其质心在 y 方向的位置

$$\frac{\eta l \times \dfrac{l}{2}}{m} = \frac{\eta l^2}{2m}$$

所以

$$\frac{mv^2}{2} = mg\frac{\eta}{2m}\left(l^2 - d^2\right) = \frac{g\eta}{2}\left(l^2 - d^2\right)$$

链条的速度是

$$v = \sqrt{\frac{g\eta}{m}\left(l^2 - d^2\right)} = \sqrt{\frac{g\left(l^2 - d^2\right)}{l}}$$

例 4.5　接着考虑与上题过程相反的情形,如图 4.4 所示,用手提着搁在桌面上的链条的一端竖直向上始终做匀速运动,速度是 v_0,求当上提的高度为 y 时,手的用力是多少?

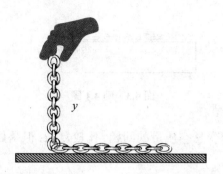

图 4.4   例 4.5 图

解 当上提的高度为 y 时,已经离开桌面(此处 $y=0$)的部分链条的质心在 $y/2$ 处,整个链条的质心位置在

$$y_c = \frac{\dfrac{m}{l}y \times \dfrac{y}{2}}{m} = \frac{y^2}{2l}$$

处,质心速度为

$$\frac{\mathrm{d}}{\mathrm{d}t}y_c = \frac{y}{l} \cdot \frac{\mathrm{d}y}{\mathrm{d}t} = \frac{y}{l}v_0$$

质心加速度为

$$\frac{\mathrm{d}^2}{\mathrm{d}t^2}y_c = \frac{v_0}{l} \cdot \frac{\mathrm{d}y}{\mathrm{d}t} = \frac{v_0^2}{l}$$

所以当提的高度为 y 时,链条受力为

$$F = \frac{mg}{l}x + \frac{mv_0^2}{l}$$

比拟静电学的题目:一个点正电荷 q 处于两块质心相距为 L 的无限大接地的导体平行板之间,离开左边的板距离是 x(图 4.5),问两块板上的感应电荷分别是多少?

比拟求质心题:心像是将点正电荷 q 处视为质心位置,它产生的电势能排斥两块板上的感应电荷之比为

$$\frac{q_{左}}{q_{右}} = \frac{L-x}{x}$$

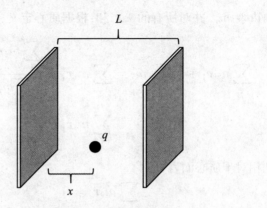

图 4.5　平行板导体

即得到感应电荷量

$$q_{左} = -\frac{L-x}{L}q, \quad q_{右} = -\frac{x}{L}q$$

负号表示感应电荷带负电。

4.1.2　质心系

若不受外力或外力矢量和为 0,是一个惯性系(图 4.6)

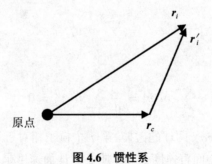

图 4.6　惯性系

第 i 个粒子相对于原点位置是 r_i,相对于质心而言位置是 r'_i,

$$r'_i + r_c = r_i$$

两边乘 m_i，并对所有的 i 求和，根据质心定义，

$$\sum_i m_i \boldsymbol{r}'_i + \boldsymbol{r}_c \sum_i m_i = \sum_i m_i \boldsymbol{r}'_i + \frac{\sum_i m_i \boldsymbol{r}_i}{\sum_i m_i} \sum_i m_i$$

$$= \sum_i m_i \boldsymbol{r}_i$$

可得到相对于质心而言

$$\sum_i m_i \boldsymbol{r}'_i = 0$$

这是保证质心的平衡和定常方程，故取质心系，在不受外力或外力矢量和为 0 的情形下，它就是一个惯性系。进一步分析，对前式求时间导数

$$\frac{\mathrm{d}}{\mathrm{d}t} \left(\sum_i m_i \boldsymbol{r}'_i + \boldsymbol{r}_c \sum_i m_i \right) = \frac{\mathrm{d}}{\mathrm{d}t} \sum_i m_i \boldsymbol{r}_i$$

即为

$$\sum_i m_i \boldsymbol{v}'_i + \boldsymbol{v}_c \sum_i m_i = \sum_i m_i \boldsymbol{v}'_i + \frac{\sum_i m_i \boldsymbol{v}_i}{\sum_i m_i} \sum_i m_i$$

$$= \sum_i m_i \boldsymbol{v}_i$$

故而有

$$\sum_i m_i \boldsymbol{v}'_i = \frac{d}{dt} \sum_i m_i \boldsymbol{r}'_i = 0$$

譬如讨论：m_1 与 m_2 两球的碰撞，第 i 个粒子相对于地面参照系速度是 $\boldsymbol{v}_i$，相对于质心而言速度是 $\boldsymbol{v}'_i$，质心对地面速度是 $\boldsymbol{v}_c$，有

$$m_1 \boldsymbol{v}_1 + m_2 \boldsymbol{v}_2 = m_1 (\boldsymbol{v}_c + \boldsymbol{v}'_1) + m_2 (\boldsymbol{v}_c + \boldsymbol{v}'_2)$$

$$= (m_2 \boldsymbol{v}'_2 + m_1 \boldsymbol{v}'_1) + (m_1 + m_2) \boldsymbol{v}_c$$

另一方面

$$m_1 \boldsymbol{v}_1 + m_2 \boldsymbol{v}_2 = \frac{\mathrm{d}}{\mathrm{d}t} (m_1 \boldsymbol{r}_1 + m_2 \boldsymbol{r}_2) = (m_1 + m_2) \frac{\mathrm{d}\boldsymbol{r}_c}{\mathrm{d}t}$$

$$= (m_1 + m_2)\,\boldsymbol{v}_c$$

两式比较得到

$$m_2\boldsymbol{v}_2' + m_1\boldsymbol{v}_1' = 0$$

这个结果对于碰撞前后都是对的。所以结论如下:

　　对于实验室中发生的粒子撞击靶子的两体,取质心参考系,它以恒定的速度相对于实验室参考系运动,在质心系中初始和终极总动量都是零。

　　思考　为什么自由电子不能发生光电效应,只有光照到物质中的某个电子上时才能发生?

　　(注解光电效应:光是由一份一份不连续的光子组成,当某一光子照射到对光灵敏的物质上时,光子动量被重物质取走,它的能量几乎可以被该物质中的某个电子全部吸收。电子吸收光子的能量后,动能立刻增加,如果动能增大到足以克服原子核对它的引力,就能在十亿分之一秒时间内飞逸出金属表面,成为光电子,形成光电流。)

　　推论 1　质点组所受外力之矢量和等于质点组质量乘上质心加速度。

　　推论 2　刚体(中的任何两点的距离不变)的任意位移总是可以表示为质心的平动加上绕质心的转动。这是质心概念的一大用处,一个明晰的心像。

　　质点组运动的动能等于其质心的平动动能 T_c 加上各个质点相对质心的运动动能 T_r。

　　例 4.6　如图 4.7 所示,一辆简装坦克的履带质量 m,两个轮(匀质圆盘形)质量各为 M,半径是 R,相距 πR,坦克以速度 v 前进,求动能。

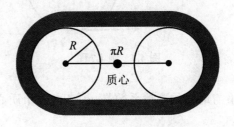

图 4.7　例 4.6 图

解   质心的速度是 $v_c = v$, 坦克质心平动动能为

$$T_c = \frac{1}{2}\left(m + 2M\right)v^2$$

轮的角速度 $\omega = v/R$, 匀质圆盘的转动惯量是 $I = \frac{1}{2}MR^2$, 动能是 $2 \times \frac{1}{2}I\omega^2$, 鉴于两轮相距 πR, 说明包在轮上的履带是绷紧的, 即履带中部无下垂, 说明履带上各个点相对质心的速度相同, 动能是 $\frac{1}{2}mv^2$, 所以相对质心的运动动能 T_r 为

$$\begin{aligned} T_r &= 2 \times \frac{1}{2}I\omega^2 + \frac{1}{2}mv^2 \\ &= \frac{1}{2}MR^2\omega^2 + \frac{1}{2}mv^2 \\ &= \frac{1}{2}\left(M + m\right)v^2 \end{aligned}$$

总动能为

$$\begin{aligned} T = T_c + T_r &= \frac{1}{2}\left(m + 2M\right)v^2 + \frac{1}{2}\left(M + m\right)v^2 \\ &= \frac{1}{2}\left(2m + 3M\right)v^2 \end{aligned}$$

推论 3   刚体受诸多外力对质心轴的合力矩等于刚体对该轴的转动惯量乘上刚体角加速度。

例 4.7   如图 4.8 所示, 一个半径为 R 的均匀银币带旋竖直落下, 旋转矢量垂直于银币表面, 落下接触地面的一刹那银币面正好垂直于地面, 旋转角速度是 ω, 求它在地面上开始无滑滚动的速度?

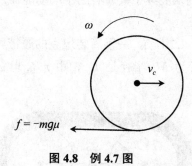

图 4.8   例 4.7 图

解   设银币与地面的摩擦系数是 μ, 考虑银币质心运动, 质心平动方程是

$$ma_c = -mg\mu$$

据题意,质心初始时刻速度为 0,故以后时刻质心平动速度

$$v_c = -g\mu t$$

记绕质心角加速度 β_c, $I = \dfrac{mR^2}{2}$, 满足方程

$$I\beta_c = \frac{mR^2}{2}\beta_c = -mg\mu R \qquad \left(\beta_c = \frac{2g\mu}{R}\right)$$

令接近地面的刹那 $t = 0$, 角速度是 ω, t 时刻银币面绕质心角速度

$$\omega_c = \omega - \frac{2g\mu}{R}t$$

等到无滑滚动时刻

$$v_c = -\omega_c R = -g\mu t$$

即

$$-g\mu t = -\omega R + 2g\mu t$$

可解出

$$t = \frac{\omega R}{3g\mu}$$

这时银币无滑滚动的速度为

$$v_c = -g\mu t = -\frac{\omega R}{3}$$

4.1.3 折合质量

对于两体情形,距离原点 $\boldsymbol{r}_1$ 的质点相对质心的矢径是

$$\boldsymbol{r}_1' = \boldsymbol{r}_1 - \boldsymbol{r}_c = \boldsymbol{r}_1 - \frac{m_1\boldsymbol{r}_1 + m_2\boldsymbol{r}_2}{m_1 + m_2} = \frac{m_2}{m_1 + m_2}(\boldsymbol{r}_1 - \boldsymbol{r}_2)$$

同样

$$\boldsymbol{r}_2' = -\frac{m_1}{m_1 + m_2}(\boldsymbol{r}_1 - \boldsymbol{r}_2)$$

相对于质心而言,速度是

$$\frac{\mathrm{d}}{\mathrm{d}t}\boldsymbol{r}_1' = \frac{m_2}{m_1 + m_2}\boldsymbol{v}, \quad \frac{\mathrm{d}}{\mathrm{d}t}\boldsymbol{r}_2' = -\frac{m_1}{m_1 + m_2}\boldsymbol{v}$$

这里 $\boldsymbol{v} = \dfrac{\mathrm{d}}{\mathrm{d}t}(\boldsymbol{r}_1 - \boldsymbol{r}_2) = \boldsymbol{v}_1 - \boldsymbol{v}_2$ 是两体之间的相对速度。在两体情形,在质心系中的动能

$$E_d = \frac{1}{2} m_1 \left(\frac{m_2}{m_1 + m_2} \boldsymbol{v} \right)^2 + \frac{1}{2} m_2 \left(\frac{-m_1}{m_1 + m_2} \boldsymbol{v} \right)^2$$
$$= \frac{1}{2} \cdot \frac{m_1 m_2}{m_1 + m_2} \boldsymbol{v}^2$$

称 $\frac{m_1 m_2}{m_1 + m_2} = \mu$ 为折合质量,这形成了一个新心像,即两体的总动能等效于折合质量以相对速度运动的动能。两体组成的孤立系统内部相互作用,一物体以另一物体为参照物时,若不引入惯性力,那么等效为以折合质量受力产生加速度。

例 4.8   如图 4.9 所示,m_1 和 m_2 两物由一根轻弹簧连接,弹性系数 k,放置于光滑水平地面上,给 m_1 一个平行于弹簧伸展方向的速度 u,求弹簧的最大压缩量。

图 4.9   例 4.8 图

解 m_1 挤压弹簧,使得 m_2 加速而速度渐渐增加,m_1 速度渐渐减小,当两者速度相同都为 v 时,弹簧已经得到最大压缩。

想象此系统等效为弹簧连接了一个折合质量为 μ 的粒子的振动:

$$\mu = \frac{m_1 m_2}{m_1 + m_2}$$

振动圆频率 $\omega = \sqrt{\frac{k}{\mu}}$,由弹簧的基本理论知道对于振动而言,位移 $x = x_0 \sin \omega t$,x_0 是最大压缩量,速度是 $x_0 \omega \cos \omega t$,由题意知道最大速度是 u,让 $u = x_0 \omega$,故弹簧的最大压缩量是

$$x_0 = \sqrt{\frac{\mu}{k}} u = u \sqrt{\frac{m_1 m_2}{k(m_1 + m_2)}}$$

验证   最大压缩发生在当两者速度相同都为 v 时,由动量守恒

$$(m_1 + m_2) v = m_1 u$$

即

$$v = \frac{m_1 u}{m_1 + m_2}$$

由能量守恒

$$\frac{1}{2} m_1 u^2 = \frac{1}{2}(m_1 + m_2)v^2 + \frac{1}{2}kx_0^2$$

这里的 x_0 是最大压缩

$$kx_0^2 = m_1 u^2 \left(1 - \frac{m_1}{m_1 + m_2}\right)$$

所以

$$x_0 = u\sqrt{\frac{m_1 m_2}{k(m_1 + m_2)}}$$

正确。

思考　如果上题改为给 m_1 一个力 $f\cos\omega t$,求 m_2 的运动情况。

例 4.9　例 4.8 的推广:对于上述的系统,如果弹簧两端两物体的质量相同都是 m,另有第三个质量为 m 的物体从垂直于弹簧伸展方向以速度 v 撞击第二个物体,并黏在其上(图 4.10)。问 v 多大,才能使得弹簧极大伸长是原长的 3 倍(弹簧原长是 b)?

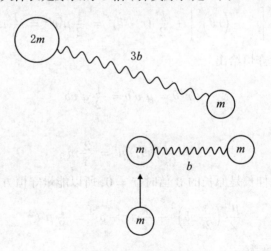

图 4.10　例 4.9 图

解　此题比例 4.8 复杂,因为系统被横向撞击以后的运动还包含转动。我们用折合质量的心像来考虑,以第一个物体为参照原点,取极坐标基矢 $\left(\hat{r}, \hat{\theta}\right)$,基矢量变化率是

$$\frac{\mathrm{d}\hat{r}}{\mathrm{d}t} = \dot{\theta}\hat{\theta}$$

$$\frac{\mathrm{d}\hat{\theta}}{\mathrm{d}t} = -\dot{\theta}\hat{r}$$

设质心离开原点是 $r\hat{r}$,速度矢量为

$$\boldsymbol{v} = \frac{\mathrm{d}}{\mathrm{d}t}\left(r\hat{r}\right) = \dot{r}\hat{r} + r\dot{\theta}\hat{\theta}$$

速度大小为 $\sqrt{\dot{r}^2 + \left(r\dot{\theta}\right)^2}$,两个物体黏上后,得初速度 $v' = \frac{v}{2}$,这也是相对于另一物的速度,三物的折合质量是

$$\mu' = \frac{2m \cdot m}{2m + m} = \frac{2}{3}m$$

根据上述两物体的总动能等效于折合质量以相对速度运动的动能理论,所以系统的初始总动能是 $\frac{1}{2}\mu'v'^2$。在运动过程中,系统动能用折合质量表示为 $\frac{1}{2}\mu'\left[\dot{r}^2 + \left(r\dot{\theta}\right)^2\right]$,再附上势能 $\frac{k}{2}(r-b)^2$。根据能量守恒给出方程:

$$\frac{\mu'}{2}\left[\dot{r}^2 + \left(r\dot{\theta}\right)^2\right] + \frac{k}{2}(r-b)^2 = \frac{1}{2}\mu'v'^2 = \frac{1}{8}\mu'v^2$$

根据角动量守恒给出

$$\mu'r^2\dot{\theta} = \mu'v'b = \frac{1}{2}\mu'vb$$

故

$$\dot{\theta} = \frac{1}{2r^2}vb, \quad \mu' = \frac{2}{3}m$$

在弹簧极大伸长是原长的 3 倍时,$\dot{r} = 0$,所以能量守恒方程约化为

$$\frac{\mu'}{2}\left(\frac{1}{2r}vb\right)^2 + \frac{k}{2}(r-b)^2 = \frac{1}{8}\mu'v^2$$

当 $r = 3b$,变为

$$\frac{\mu'}{2}\left(\frac{v}{6}\right)^2 + \frac{k}{2}(2b)^2 = \frac{1}{8}\mu'v^2$$

$$\frac{1}{9}\mu'v^2 = 2kb^2$$

v 为

$$v = 3b\sqrt{\frac{2k}{\mu'}} = 3b\sqrt{\frac{3k}{m}}$$

才能使得弹簧极大伸长是原长的 3 倍。

此题也可以用质心心像来思考,但要注意:考虑质心对地面的速度是 $v_c = \dfrac{v}{3}$。我们将质心作为原点,两个已经黏在一起的 $2m$ 的质点对地面的初速度是 $\dfrac{v}{2}$;对质心而言,初速度是

$$v'' = \frac{v}{2} - \frac{v}{3} = \frac{v}{6}$$

离开质心的初始距离是 $r_0'' = \dfrac{b}{3}$,对质心的初始角动量为

$$2m \cdot \frac{v}{6} \cdot \frac{b}{3} = \frac{mbv}{9}$$

想象一个坐在质心上的观察者,不管两边的粒子如何相对运动,因弹簧力是内力,故它的位置仍处于质心,仿佛两边的弹簧振子是独立的,记连着 $2m$ 的那段弹簧的刚性系数为 k',鉴于弹簧力是同一个,所以有

$$\left(r'' - \frac{b}{3}\right)k' = (r - b)k, \qquad \left(r'' = \frac{r}{3}\right)$$

所以 $k' = \dfrac{k}{3}$,余下的计算留给读者。

例 4.10 如图 4.11 所示,m_1 和 m_2 两物体由一根不可伸长的绳子连接,一人抓住 m_1 带动 m_2 开始转圈,当绳子已经捋直 m_2 的速度为 v_0 时,人手突然松开 m_1,求松开后绳上的张力(绳长是 l)。

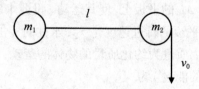

图 4.11 例 4.10 图

解 人松手后两物体作为一个整体飞出,其质心将作为一个抛体,在重力作用下,其轨迹必是抛物线,绳上的张力是

$$\frac{m_1 m_2}{m_1 + m_2} \cdot \frac{v_0^2}{l}$$

式中,$\dfrac{m_1 m_2}{m_1 + m_2}$ 是折合质量,$\dfrac{v_0^2}{l}$ 是离心加速度。

例 4.11　如图 4.12 所示, 质量为 m_1 的木块向右以匀速 v_1 追赶以匀速 v_2 运动的质量为 m_2 的木块, $v_1 > v_2$, m_2 木块左侧固定了一根缓冲弹簧, 试求此弹簧被赶上的 m_1 压缩到最大量时, 弹性势能有多大?

图 4.12　例 4.11 图

解　弹簧被赶上的 m_1 压缩到最大量时, 两个木块有相同速度 v', 由动量守恒

$$v' = \frac{m_1 v_1 + m_2 v_2}{m_1 + m_2}$$

弹性势能为初动能减去终动能

$$\frac{1}{2}\left(m_1 v_1^2 + m_2 v_2^2\right) - \frac{1}{2}\left(m_1 + m_2\right)v'^2 = \frac{1}{2} \cdot \frac{m_1 m_2}{m_1 + m_2}\left(v_1 - v_2\right)^2$$

可见, 从 m_2 木块来看, 这相当于折合质量为 $\dfrac{m_1 m_2}{m_1 + m_2}$ 的物体以 $(v_1 - v_2)$ 运动的动能。

折合质量的概念也会出现在质量为 m 的水柱以垂直于面板的方向冲击一块质量为 M 的平板上, 使其运动。设此水的冲击没有弹性, 冲击前水速是 v_1, 平板的行进速度是 v_2, 水柱的冲击运动, 相对于平板而言, 就好似一个质量为约化质量的物体的运动, 所以这部分水做的功（或冲击失去的能量）为

$$\frac{1}{2} \cdot \frac{mM}{m+M}\left(v_1 - v_2\right)^2$$

例 4.12　如图 4.13 所示, 一均匀木筏长 l, 质量为 M, 质量为 m 的人从筏的一头走向另一头, 求筏的位移。

解 如图 4.13 所示,设开始时系统的质心在木筏的 c 点,木筏重心离 c 的距离为 x,则人离 c 的距离为 $l/2-x$。在地面上人看来,x_c 位置表达为

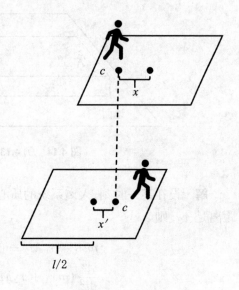

$$x_c = \frac{xM + \left(x - \dfrac{l}{2}\right)m}{M+m}$$

人从筏的一头走向另一头,在地面上的人看来 x_c 位置不变,人走到另一头后,木筏重心离 c 的距离为 x',则人离 c 的距离为 $x'+l/2$,以 c 为原点,x_c 位置表达为

图 4.13　例 4.12 图

$$x_c = \frac{x'M + \left(x' + \dfrac{l}{2}\right)m}{M+m}$$

即

$$x'M + \left(x' + \frac{l}{2}\right)m = xM + \left(x - \frac{l}{2}\right)m$$

所以木筏的位移是

$$x - x' = \frac{ml}{M+m}$$

另解 人从筏的一头走向另一头,移步 ml,木筏供人移步 $(M+m)(x-x')$。

例 4.13 如图 4.14 所示,质量为 m 的人在质量为 M 的冰砖上以加速度 a 行走,冰砖在光滑地面上以加速度 b 倒退,求行人的用力 F 与加速度 a 的关系。

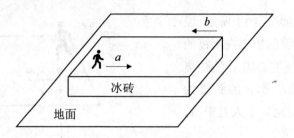

图 4.14   例 4.13 图

解   设在某一时刻,人离系统的质心距离是 x_1,冰砖重心离质心距离是 x_2,则

$$mx_1 + x_2 M_2 = 0$$

$$\frac{\mathrm{d}^2}{\mathrm{d}t^2}(mx_1 + x_2 M) = 0$$

考虑到质心位置不变,按题意人向质心走的加速度

$$\frac{\mathrm{d}^2}{\mathrm{d}t^2}x_1 = a - b$$

$$\frac{\mathrm{d}^2}{\mathrm{d}t^2}x_2 = b$$

冰砖向质心退行的加速度

$$\frac{\mathrm{d}^2}{\mathrm{d}t^2}x_2 = b$$

即

$$m(a - b) = Mb$$

则

$$b = \frac{m}{m + M}a$$

冰砖对行人的反作用力

$$Mb = \frac{Mm}{m + M}a$$

行人的用力 F 也是

$$F = \frac{Mm}{m + M}a$$

似乎行人的努力(内力)是对折合质量施加的。

例 4.14　如图 4.15 所示，平板车（质量 M）在光滑地面上静止，突然一滑块（质量 m，看作质点）擦着平板车面袭来，两者之间有摩擦，摩擦系数为 μ，并带动平板车一起运动，平板车车身长为 L，求滑块的初速度 v 多大，滑块才不会被平板车所羁绊？

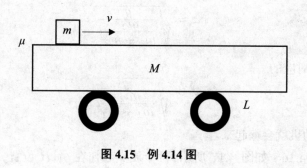

图 4.15　例 4.14 图

解　在平板车和滑块的质心系看，滑块的动能由摩擦力做功而消耗殆尽

$$\frac{1}{2} \cdot \frac{mM}{m+M} v^2 = \mu mgL$$

只要

$$v > \sqrt{\frac{2\mu g (m+M) L}{M}}$$

滑块就不会被平板车所羁绊。

读者也可以用隔离法解之。

例 4.15　如图 4.16 所示，电动机一般由定子线圈和转子线圈组成，定子质量 m_1 固定地连着电动机转轴的轴承，质心在转轴 O 上；转子质量 m_2，其质心偏离转轴 O 的长度是 l，问尚未固定底座的这个电动机在什么转速下会蹦起来？

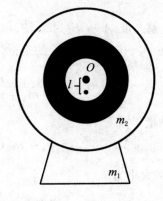

图 4.16　例 4.15 图

解 把坐标原点取在定子的质心上,那么电动机的质心坐标是 $\dfrac{m_2 l}{m_1 + m_2}$,当转子质心转动到 O 的下方时,把它看成是一个长为 $\dfrac{m_2}{m_1 + m_2} l$ 的单摆,于是根据单摆振动频率公式得到

$$\omega = \sqrt{\dfrac{g}{\dfrac{m_2}{m_1 + m_2} l}}$$

当转速对应的

$$\omega' > \sqrt{\dfrac{g}{\dfrac{m_2}{m_1 + m_2} l}}$$

时,电动机就会蹦起来。

例 4.16 如图 4.17 所示,两个质点起初在 A,B 位置,质量各为 m_1, m_2,按万有引力相互吸引,m_2 的初速度 $\boldsymbol{v}_2$ 沿着 AB,m_1 的初速度 $\boldsymbol{v}_1$ 垂直 AB,求质心速度与轨迹。

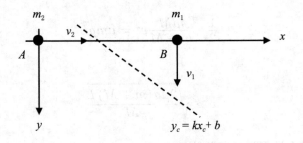

图 4.17　例 4.16 图

解 取 $A \to B$ 为 x 轴,取起初质点 A 在原点,即 $x_1 = 0$,质点 B 在 $x_2 = AB$ 处,质心的坐标是

$$x_{c_0} = \frac{m_1 x_1 + m_2 x_2}{m_1 + m_2} = \frac{m_2}{m_1 + m_2} AB$$

由动量守恒

$$m_1 \boldsymbol{v}_1 + m_2 \boldsymbol{v}_2 = (m_1 + m_2) \boldsymbol{v}_c$$

$\boldsymbol{v}_c$ 的大小为

$$|\boldsymbol{v}_c| = \frac{(m_1 \boldsymbol{v}_1)^2 + (m_2 \boldsymbol{v}_2)^2}{m_1 + m_2}$$

质心系不受外力是一个惯性系,质心做匀速直线运动,v_c 是质心初速度且始终保持着,轨迹是 x-y 平面上的直线

$$y_c = kx_c + b$$

质心初速度方向决定斜率 k,b 是截距,有

$$k = \frac{m_1 v_1}{m_2 v_2}$$

当 $y_c = 0$ 时,有

$$b = -kx_{c_0} = -\frac{m_1 v_1}{m_2 v_2} \cdot \frac{m_2}{m_1 + m_2} AB$$
$$= -\frac{m_1 v_1}{v_2} \cdot \frac{1}{m_1 + m_2} AB$$

例 4.17　如图 4.18 所示,一质量为 m 的质点,从质量为 M 的光滑半球上由静止开始滑下,起始的角度为 α,即质点与球心的连线与竖直方向的夹角,引起光滑半球在光滑地面上滑动,求质点绕球心的角速度。

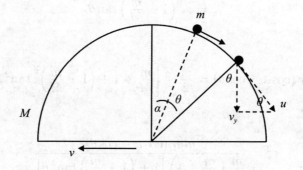

图 4.18　例 4.17 图

解　假想光滑半球质量无穷大,半球不动,由能量守恒

$$mgr(\cos\alpha - \cos\theta) = \frac{1}{2}mv^2 = \frac{1}{2}mr^2\dot{\theta}_0^2$$

质点绕球心的角速度

$$\dot{\theta}_0^2 = \frac{2g(\cos\alpha - \cos\theta)}{r}$$

而题中的 M 有限, 会运动起来, 当质点到角度为 θ 时（即质点与球心的连线与竖直方向的夹角）, M 的速度为 V, 由能量守恒

$$mgr\left(\cos\alpha - \cos\theta\right) = \frac{1}{2}MV^2 + \frac{1}{2}m\left(v_x^2 + v_y^2\right)$$

在水平方向的动量守恒给出

$$|V| = \frac{mv_x}{M}$$

从地面看, 质点的速度 v_x 由于半球的倒退而减小了, V 是半球对地面的速度, 质点对半球的速度 u 等于质点对地面的速度加上地面对半球的速度, 即 $u = v_x + |V|$。质点约束在球面上运动, 其速度始终在半球的切线方向, 故是

$$\cot\theta = \frac{u}{v_y} = \frac{v_x + |V|}{v_y} = v_x \frac{1 + \dfrac{m}{M}}{v_y}$$

$\left(\text{显然,} \ \text{当}M\text{很大时,} \ \cot\theta = \dfrac{v_x}{v_y}\right)$, 即

$$v_y = v_x \left(1 + \frac{m}{M}\right)\tan\theta$$

于是

$$mgr\left(\cos\alpha - \cos\theta\right) = \frac{m}{2}v_x^2 \left[\frac{m}{M} + 1 + \left(1 + \frac{m}{M}\right)^2 \tan^2\theta\right]$$

故

$$
\begin{aligned}
v_x^2 &= \frac{mgr\left(\cos\alpha - \cos\theta\right)}{\dfrac{m}{2}\left(\dfrac{m}{M} + 1\right)\left[1 + \left(1 + \dfrac{m}{M}\right)\tan^2\theta\right]} \\
&= \frac{2gr\left(\cos\alpha - \cos\theta\right)}{\left(\dfrac{m}{M} + 1\right)\dfrac{M + m\sin^2\theta}{M\cos^2\theta}}
\end{aligned}
$$

质点绕球心的角速度

$$
\begin{aligned}
\dot{\theta} &= \frac{\sqrt{v_y^2 + \left(v_x + |V|\right)^2}}{r} \\
&= \frac{v_y\sqrt{1 + \cot^2\theta}}{r} = \frac{v_x}{r\cos\theta}\left(1 + \frac{m}{M}\right)
\end{aligned}
$$

即

$$\dot\theta = \frac{1}{\cos\theta}\left(1+\frac{m}{M}\right)\sqrt{\frac{2g\left(\cos\alpha-\cos\theta\right)}{r\left(\frac{m}{M}+1\right)\dfrac{M+m\sin^2\theta}{M\cos^2\theta}}}$$

$$= \left[\frac{2g\left(1+\dfrac{m}{M}\right)\left(\cos\alpha-\cos\theta\right)}{r\dfrac{M+m\sin^2\theta}{M}}\right]^{1/2}$$

$$= \left[\frac{2g\left(\cos\alpha-\cos\theta\right)}{r}\cdot\frac{(M+m)}{M+m\sin^2\theta}\right]^{1/2}$$

我们看到出现了因子 $\dfrac{M+m}{M+m\sin^2\theta}$（参见对照后面第 9 章"虚实法"的例子）。

例 4.18 如图 4.19 所示，甲、乙两人等重，都为 M，各站在重为 m 的无弹性的秤盘上，两秤盘以不可伸长的绳子连接后搭挂在一个定滑轮两边，甲在左边，乙在右边。如果甲在地上能跳的极限高度是 h 米，问甲在秤盘上能够跳多高？

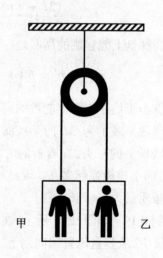

图 4.19 例 4.18 图

解 设甲方在地上跳的极限冲量是 $P\Delta t$，转化为自己的速度 V，有

$$P\Delta t = MV$$
$$V^2 = 2gh$$

他以同样的冲量在秤盘上跳，得到速度 V'，冲量分给乙和两个秤盘，乙与两个秤盘的速度大小相同，记为 V''，由动量守恒有

$$P\Delta t = MV' + (M+2m)V''$$

由能量守恒有

$$\frac{1}{2}MV'^2 + \frac{1}{2}(M+2m)V''^2 = Mgh$$

注意,h 是甲在地面上跳的高度。

下面就要找 V' 与 V'' 之间的关系。

鉴于左边的动量变化是 $MV'-mV''$,右边的动量变化是 $(M+m)V''$,然左、右两边绳子上的张力相同,故有

$$MV' - mV'' = (M+m)V''$$

即

$$V'' = \frac{MV'}{M+2m}$$

代入能量关系得到甲的动能

$$\frac{1}{2}MV'^2 = \frac{(M+2m)}{2(M+m)}Mgh$$

转化为势能

$$\frac{(M+2m)}{2(M+m)}Mgh = Mgh'$$

故甲在秤盘上能够跳的高度是

$$h' = h\left(1 - \frac{M}{2(M+m)}\right)$$

此高度小于他在地面上能跳的高度。

思考 质量为 M 的杂技演员从某一高度 h 自由落下到一个水平跷跷板上的一头,在着板的时刻站在另一头的质量为 m 的小孩也起跳,问小孩能弹起多高? 设此小孩用同样的力量在地上能跳 h' 高。跷跷板质量为 m',长为 L。

例 4.19 如图 4.20 所示,在光滑的桌面上质量为 m 的一根均匀杆(长 l)从竖直位置偏向倒下,求杆的质心速度与杆的偏向角 θ 之间的关系。

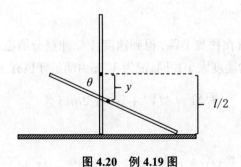

图 4.20 例 4.19 图

解 设杆转过 θ 角时,其质心下落距离是

$$y = \frac{l}{2}(1 - \cos\theta)$$

此刻解题者的心像是杆的势能如何转化为动能,由能量守恒得到

$$\frac{1}{2}I\dot{\theta}^2 + \frac{1}{2}m\dot{y}^2 + mg\left(\frac{l}{2} - y\right) = mg\frac{l}{2} \qquad (I = \frac{ml^2}{12})$$

将

$$\dot{y} = \frac{l}{2}\dot{\theta}\sin\theta, \quad \dot{\theta} = \frac{2}{l\sin\theta}\dot{y}$$

代入上式得到

$$\frac{1}{2}m\dot{y}^2 + \frac{1}{2}\cdot\frac{ml^2}{12}\left(\frac{2}{l\sin\theta}\right)^2\dot{y}^2 = mgy$$

故而

$$\dot{y}^2 = \frac{2gy}{1 + \dfrac{1}{3\sin^2\theta}}$$

质心速度 $\dot{y}$ 与杆的偏向角 θ 之间的关系是

$$\dot{y} = \sqrt{\frac{3gl(1 - \cos\theta)}{3\sin^2\theta + 1}}\sin\theta$$

4.2 经典两体质心概念如何过渡到量子纠缠[①]

在上一节我们讲了一个例子,即 m_1 和 m_2 两物体由一根轻弹簧连接,弹性系数 k,放置于光滑水平地面上,给 m_1 一个平行于弹簧伸展方向的速度 u,求弹簧的最大压缩量 x_0。我们指出了

$$x_0 = \sqrt{\frac{\mu}{k}}u = u\sqrt{\frac{m_1 m_2}{k(m_1 + m_2)}}$$

此系统等效为弹簧连接了一个折合质量为 $\mu = \dfrac{m_1 m_2}{m_1 + m_2}$ 的粒子的振动,振动圆频率 $\omega = \sqrt{\dfrac{k}{\mu}}$。

---

① 初读者可暂时跳过此节。

在量子力学,所有的可观察量由算符表示。两粒子的质心是不可精确测定的,代表质心的算符是

$$\hat{x}_c = \mu_1 \hat{x}_1 + \mu_2 \hat{x}_2,$$

这里

$$\mu_1 = \frac{m_1}{m_1 + m_2}$$
$$\mu_2 = \frac{m_2}{m_1 + m_2}$$
$$\mu_1 + \mu_2 = 1$$

质量权重相对动量是

$$\hat{p}_r = \mu_2 \hat{p}_1 - \mu_1 \hat{p}_2$$

容易产生这样的心像,即 $\hat{x}_c, \hat{p}_r$ 的经典对应分别是 Delta 函数,$\delta[x_{cm} - (\mu_1 x_1 + \mu_2 x_2)]$ 与 $\delta[p_r - (\mu_2 p_1 - \mu_1 p_2)]$。鉴于

$$[\hat{x}_i, \hat{p}_i] = i\hbar$$

$\hbar$ 是普朗克常数,$\hat{p}_r$ 与 $\hat{x}_c$ 对易

$$[\hat{x}_c, \hat{p}_r] = 0$$

所以它们有共同的本征态 $|x_c, p_r\rangle$,相应的测量算符是 $|x_c, p_r\rangle \langle x_c, p_r|$。为了导出它,引入双模 Wigner 算符:

$$\Delta(x_1, p_1) \Delta(x_2, p_2)$$
$$= \frac{1}{\pi^2} : \exp\left[-(x_1 - \hat{x}_1)^2 - (p_1 - \hat{p}_1)^2 - (x_2 - \hat{x}_2)^2 - (p_2 - \hat{p}_2)^2\right] :$$

式中, :: 代表正规排列。记测量算符 $|x_c, p_r\rangle \langle x_c, p_r|$ 的经典对应是 $F(x_1, p_1; x_2, p_2)$,则

$$F(x_1, p_1; x_2, p_2) = \delta[x_{cm} - (\mu_1 x_1 + \mu_2 x_2)] \delta[p_r - (\mu_2 p_1 - \mu_1 p_2)]$$

于是

$$|x_c, p_r\rangle \langle x_c, p_r| = \int_{-\infty}^{\infty} dx_1 dp_1 dx_2 dp_2 \Delta(x_1, p_1) \Delta(x_2, p_2)$$

$$\times F\left(x_1, p_1; x_2, p_2\right)$$

$$= \int_{-\infty}^{\infty} \mathrm{d}x_1 \mathrm{d}p_1 \mathrm{d}x_2 \mathrm{d}p_2 \delta\left[x_c - \left(\mu_1 x_1 + \mu_2 x_2\right)\right]$$

$$\times \delta\left[p_r - \left(\mu_2 p_1 - \mu_1 p_2\right)\right]$$

$$\times \frac{1}{\pi^2} : \exp\left[-\left(x_1 - \hat{x}_1\right)^2 - \left(p_1 - \hat{p}_1\right)^2\right.$$

$$\left.-\left(x_2 - \hat{x}_2\right)^2 - \left(p_2 - \hat{p}_2\right)^2\right] :$$

用

$$|00\rangle\langle 00| = : \mathrm{e}^{-a_1^\dagger a_1 - a_2^\dagger a_2} : \tag{4.1}$$

以及

$$a_i = \frac{\hat{x}_i + \hat{p}_i}{\sqrt{2}}$$

将上述积分结果分拆，得到

$$|x_c, p_r\rangle = \sqrt{\frac{2}{\pi\sigma}} \exp\left\{ -\frac{x_c^2 + p_r^2}{\sigma} + \frac{2\sqrt{2}}{\sigma}\left[\left(x_c \mu_1 + \mathrm{i}p_r\right) a_1^\dagger \right.\right.$$

$$\left. + \left(x_c \mu_2 - \mathrm{i}\mu_1 p_r\right) a_2^\dagger\right] + \frac{(\mu_2 - \mu_1)}{\sigma}\left(a_1^{\dagger 2} - a_2^{\dagger 2}\right)$$

$$\left. - \frac{4\mu_2 \mu_1}{\sigma} a_1^\dagger a_2^\dagger \right\} |00\rangle \tag{4.2}$$

其中

$$\sigma = 2\left(\mu_1^2 + \mu_2^2\right) \tag{4.3}$$

引入复数

$$\zeta = \frac{x_c + \mathrm{i}p_r}{\sqrt{\mu_1^2 + \mu_2^2}} = \zeta_1 + \mathrm{i}\zeta_2 \tag{4.4}$$

就得到

$$|\zeta\rangle \equiv \sqrt{\pi\left(\mu_1^2 + \mu_2^2\right)}\,|x_c, p_r\rangle \tag{4.5}$$

$$= \exp\left\{ -\frac{|\zeta|^2}{2} + \frac{\left[\zeta + (\mu_1 - \mu_2)\zeta^*\right] a_1^\dagger + \left[\zeta^* + (\mu_2 - \mu_1)\zeta\right] a_2^\dagger}{\sqrt{\sigma}} \right.$$

$$\left. + \frac{(\mu_2 - \mu_1)}{\sigma}\left(a_1^{\dagger 2} - a_2^{\dagger 2}\right) - \frac{4\mu_2 \mu_1}{\sigma} a_1^\dagger a_2^\dagger \right\} |00\rangle$$

可以证明

$$\int \frac{\mathrm{d}^2 \zeta}{\pi} |\zeta\rangle\langle \zeta| = 1 \tag{4.6}$$

称 $|\zeta\rangle$ 为纠缠态表象，满足

$$(\mu_1 \hat{x}_1 + \mu_2 \hat{x}_2)|\zeta\rangle = \sqrt{\frac{\sigma}{2}}\zeta_1|\zeta\rangle$$

$$(\mu_2 \hat{p}_1 - \mu_1 \hat{p}_2)|\zeta\rangle = \sqrt{\frac{\sigma}{2}}\zeta_2|\zeta\rangle \tag{4.7}$$

特别地，当 $\mu_1 = \mu_2 = 1/2, \sigma = 1, |\zeta\rangle$ 约化为

$$|\zeta\rangle = \exp\left\{-\frac{|\zeta|^2}{2} + \zeta a_1^\dagger + \zeta^* a_2^\dagger - a_1^\dagger a_2^\dagger\right\}|00\rangle \tag{4.8}$$

它是 $\hat{x}_1 + \hat{x}_2$ 和 $\hat{p}_1 - \hat{p}_2$ 的共同本征态。称 $|\zeta\rangle$ 为纠缠态表象，它的共轭态是

$$|\eta\rangle = \exp\left\{-\frac{|\eta|^2}{2} + \eta a_1^\dagger - \eta^* a_2^\dagger + a_1^\dagger a_2^\dagger\right\}|00\rangle \tag{4.9}$$

它是 $\hat{x}_1 - \hat{x}_2$ 和 $\hat{p}_1 + \hat{p}_2$ 的共同本征态。

4.3　瞬心是物理心像的另一例子

容易知道，刚体的平面运动可以分解为平动和转动，所以刚体平面的任一点的速度等于基点速度与该点绕基点的相对转动速度的矢量和。

于是可建立心像：对于地面观察者，若刚体上有瞬时速度为零的点（瞬心），那么刚体上别的点的瞬时速度就等于相对转动速度。

这样建立的心像有什么好处呢？我们立即可作出如下推测：

（1）刚体运动的动能等于平动能加上绕瞬心的转动能 $\frac{1}{2}I\omega^2$。

（2）若知道刚体上两点的速度（两者反向不平行），那么瞬心在两点速度垂线的交点上。

刚体平动时，也是有瞬心的。此时的瞬心在垂直于刚体速度方向的无穷远处。

半径为 r 的圆盘的中心受水平拉力 F，在平地上纯滚动，纯滚动摩擦系数是 μ。从地面观察，盘与地面接触点速度为零（瞬心），从这可以分析为什么克服滚动摩擦所需要的力小于克服滑动摩擦所施加的力。

对于圆盘将滚未滚时刻,拉力 $F_滚$ 与滑动摩擦力形成一个力偶,由

$$F_滚 r = \mu N$$
$$N = mg$$

所以

$$F_滚 = \frac{\mu N}{r}$$

而对于圆盘将滑未滑之时刻,滑动摩擦系数是 ν,拉力

$$F_滑 = N\nu$$

所以

$$\frac{F_滑}{F_滚} = \frac{N\nu}{\dfrac{\mu N}{r}} = \frac{\nu r}{\mu} \qquad (F_滑 > F_滚)$$

例如,当 $\nu = 0.7, \mu = 0.315, r = 45$ cm 时,$\dfrac{F_滑}{F_滚} = 100$,故而克服滚动摩擦所需要的力小于克服滑动摩擦所施加的力。

实际上,对于非完全刚性的圆盘,它与地面的接触处有少量变形,地面的反作用力 R 处离全刚性的情形有一小的偏移 e,但反作用力线仍通过圆心,R 与重力、拉力交于一点。这时就有一个附加的滚动摩擦力偶 $eR\cos\theta$,θ 是反作用力线与竖直线的夹角。

例 4.20　如图 4.21 所示,一个半径是 r 的半圆球体在某时刻的滚动,与地面接触点是 A,半圆面直径与地面交角是 θ,求其瞬心,记为 C。

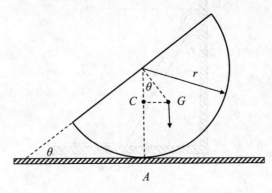

图 4.21　例 4.20 图(一)

解　此刻,半圆球上有两点的速度是已知的,一是质心 G 的速度竖直向下,二是点 A 的速度水平向后,那么瞬心在两速度垂线的交点上。由于半圆球的质心 G 离开圆心 $\frac{3}{8}r$,所以

$$AC = \left(1 - \frac{3}{8}\cos\theta\right)r$$

（3）为什么拍摄运动车辆的照片,上部比下部模糊?

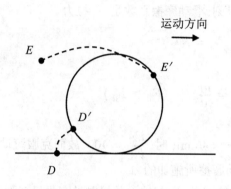

如图 4.22 所示,车轮底部有个瞬心,相对地面的速度为零。轮子在固定面上纯滚动,接触点即为速度瞬心。车轮无滑滚动向前走,轮上部 E 点比之下部 D 点转过的距离多,故而照片上部比下部模糊。

下面给出利用瞬心解题的例子。

图 4.22　例 4.20 图（二）

例 4.21　如图 4.23 所示,一个长为 l,以 α 角斜靠在光滑墙上的梯子,滑下于地的过程中,已知梯子脚 B 处的速度是 v,求 A 处的速度。

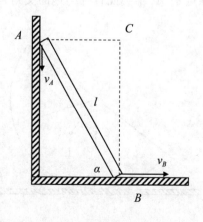

图 4.23　例 4.21 图

解　根据刚体上的瞬心在两处速度垂线的交点上，所以我们画出此梯子的瞬心在 C 处，B 处相距瞬心是 $l\sin\alpha$，此刻梯子的角速度是 ω，所以 B 点的瞬时速度就等于相对转动速度

$$v_B = \omega l \sin\alpha$$

而

$$v_A = \omega l \cos\alpha$$

例 4.22　如图 4.24 所示的"人"字形梯子，每侧梯子质量是 m，长为 l，铰链 A 离地面距离是 h，往光滑地面上塌下，求运动过程中铰链的下降速度 v_A。

解　着眼于瞬心来解此题。

如图 4.24 所示，铰链点的速度竖直向下，与其垂直的虚线在水平方向；梯子脚速度在水平方向，与其垂直的虚线在竖直方向，故而两根虚线的交点在 C 处，此即瞬心。另一方面，在运动过程中某一时刻人字形梯子脚与地面的张角为 θ，每侧梯子质心离地面距离是 $l\sin\theta/2$，质心速度为 u，根据能量守恒

$$\frac{1}{2}mu^2 + \frac{1}{2}I\omega^2 = mg\left(\frac{h}{2} - \frac{l\sin\theta}{2}\right)$$

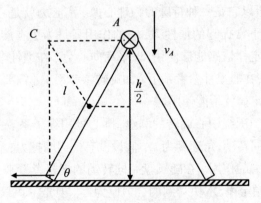

图 4.24　例 4.22 图

I 是绕每侧梯子质心的转动惯量 $I = \dfrac{1}{12}ml^2$。以瞬心为基点，类

比于上题中 A 点的速度,我们知道铰链的下降速度为

$$v_A = \omega l \cos \theta$$

而

$$u = \frac{l}{2} \omega$$

因此上式变为

$$\frac{1}{6} l^2 \omega^2 = mg \left(\frac{h}{2} - \frac{l \sin \theta}{2} \right)$$

求出 ω 后,得到铰链的下降速度

$$v_A = \cos \theta \sqrt{3g \left(h - l \sin \theta \right)}$$

当铰链着地,$\theta = 0$,$v_A = \sqrt{3gh}$。

4.4 惯性力是一种虚幻的物理心像

惯性力是指当物体加速的时候,惯性会使物体保持原有运动状态的倾向,若是以该物体为参照物,仿佛有一股方向相反的力作用在该物体上,称为惯性力。在《物理感觉启蒙读本》的 1.6 节,我们指出惯性力是一种特殊的物理感觉,惯性力不服从通常力的定义,是虚构的,是想象的,所以它是一种特殊的物理心像。离心力就是一种在一个非惯性参考系下常提起的惯性力,它的作用只是为了在旋转参考系下,使牛顿运动定律依然能够使用,以平衡向心力。在惯性参考系下是没有离心力的,在非惯性参考系下(如旋转参考系)才需要有惯性力,否则牛顿运动定律就不能使用。

想象一个围绕中心旋转的圆盘,圆心处用绳子系着一个木块,木块随圆盘一同转动,角速度为 ω。假设没有任何摩擦力,木块的旋转是由于绳子拉力的作用。在随圆盘一同转动的观察者看来,木块是静止的。根据牛顿定律,木块受到的合力应为零。但是木块只受到一个力,就是绳子的拉力,所以合力不为零。那么这违反牛顿定律吗?牛顿定律只有在惯性系下才成立,但是随圆盘一同转动的观察者所在的参考系是非惯性系,所以牛顿定律在这里不成立。为了使牛顿定律在非惯

性系下仍然成立,那么就需要引入一个惯性力,即离心力。离心力的大小与绳子提供的拉力相等,但方向与之相反。引入离心力后,在随圆盘一同转动的观察者看来,木块同时受到绳子的拉力和离心力,大小相等,方向相反,合力为零。此时木块静止,牛顿定律成立。

现举一例说明。

例 4.23　如图 4.25 所示,一辆货车,其后门敞开,司机突然以匀加速开车,门因惯性趋向合拢(没学过物理者也许会以为是一阵风将门吹关上的)。求后门扭转了 θ 角的时刻 t 时作用在门的铰链上的力(设门的重量 mg 都均匀分布在门的上框上,上框长 L)。

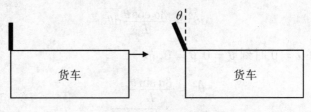

图 4.25　例 4.23 图

解　现在设"我"在卡车上,忘记(不去感觉)自己在运动,"我"看作用在门的铰链上的力——"即时力"中,有惯性力 ma(心像)。门的质心趋向合拢的加速度是 $\dfrac{L}{2}\ddot{\theta}$,垂直于门面,还有向心加速度平行于门面。记铰链垂直作用于门的力为 $F_{垂直}$,平行门的力 $F_{平行}$,建立质心动力学方程(引进惯性力仍可用牛顿方程),根据极坐标中加速度公式

$$\text{加速度} = \left(\ddot{r} - r\dot{\theta}^2\right)_{径向} + \left(r\ddot{\theta} + 2\dot{r}\dot{\theta}\right)_{切向}$$

我们列出

$$F_{垂直} - ma\cos\theta = -\frac{1}{2}mL\ddot{\theta}$$

以及角动量定理

$$\frac{L}{2}F_{垂直} = I\ddot{\theta}$$

$$I = \frac{1}{12}mL^2$$

联立解出

$$\ddot{\theta} = \frac{3a\cos\theta}{2L}$$

以及

$$F_{\text{垂直}} = \frac{2}{L} I\ddot{\theta} = \frac{1}{6} mL \frac{3a\cos\theta}{2L} = \frac{1}{4} ma\cos\theta$$

另一方面,向心力方程是

$$F_{\text{平行}} - ma\sin\theta = m\frac{L}{2}\dot{\theta}^2$$

因为

$$\ddot{\theta} = \frac{1}{2\dot{\theta}} \cdot \frac{\mathrm{d}\dot{\theta}^2}{\mathrm{d}t} = \frac{1}{2\dot{\theta}} \cdot \frac{\mathrm{d}\theta}{\mathrm{d}t} \cdot \frac{\mathrm{d}\dot{\theta}^2}{\mathrm{d}\theta} = \frac{\mathrm{d}\dot{\theta}^2}{2\mathrm{d}\theta}$$

有

$$\mathrm{d}\dot{\theta}^2 = \frac{3a\cos\theta}{L}\mathrm{d}\theta$$

考虑到在 $t = 0$ 时刻 $\theta = 0, \dot{\theta} = 0$,故

$$\dot{\theta}^2 = \frac{3a\sin\theta}{L}$$

$$\frac{\mathrm{d}\theta}{\mathrm{d}t} = \sqrt{\frac{3a\sin\theta}{L}}$$

所以由向心力方程得到

$$F_{\text{平行}} = ma\sin\theta + m\frac{L}{2}\dot{\theta}^2 = \frac{5}{2} ma\sin\theta$$

后门转到与车身平行时所需的时间是

$$T = \int_0^{\pi/2} \sqrt{\frac{L}{3a\sin\theta}}\mathrm{d}\theta$$

此刻转动角速度是

$$\frac{\mathrm{d}\theta}{\mathrm{d}t} = \sqrt{\frac{3a}{L}}$$

类比:角速度 $\sqrt{\dfrac{3a}{L}}$ 可以与下题的解类比。

　　如图 4.26 所示,一根均匀杆以其一端为轴从水平位置释放,转到竖直位置时的角速度是

$$\omega = \sqrt{\frac{3g}{L}}$$

可见这里的重力对应上题中的惯性力。

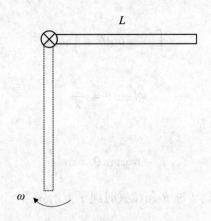

图 4.26　一端固定水平释放的均匀杆

思考　如图 4.27 所示,如把上题中的杆改为一根不可伸长的绳子系一个摆球,求从水平位置释放拉紧状态的绳子转过 θ 角位置时绳子上的张力 T,绳子长 l。

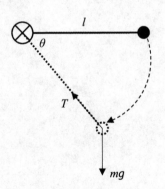

图 4.27　水平释放一端固定不可伸长绳系住的摆球

解　摆球沿着自身轨迹的受力

$$mg\cos\theta = m\frac{\mathrm{d}v}{\mathrm{d}t}$$

沿途做的微小功

$$mg\cos\theta \mathrm{d}s = m\frac{\mathrm{d}v}{\mathrm{d}t}\mathrm{d}s = mv\mathrm{d}v = mg\cos\theta l\mathrm{d}\theta$$

积分得到

$$\int g\cos\theta l\mathrm{d}\theta = \int v\mathrm{d}v$$

故而

$$gl\sin\theta = \frac{v^2}{2}$$

另一方面,向心力是

$$T - mg\sin\theta = m\frac{v^2}{l}$$

所以结合上式得到转过 θ 角位置时绳子上的张力

$$T = 3mg\sin\theta$$

第 5 章　建立关于单摆的心像

对于基础的物理系统要精深专研,俗话说,广收而无功,不如啬取而自得;繁征而寡当,不如崇手而易工。休要羡五岳之高,只分析基本问题于一丘一壑之间。单摆和弹簧是最基本的简谐振动系统,任何复杂的振动都可以分解为若干个简谐运动的叠加,宛如合唱的和声是单调音的叠加。以下从精神层面来分析简谐运动的本质。

5.1　简谐运动的本质

在电水壶被普遍应用之前,人们用热水瓶保温。购买时,揭开瓶盖,用嘴吹气体入瓶口,听到明显的"嗡嗡"声,就是质量过关的。

为什么呢?吹气入瓶口,瓶子里面气体压强改变了,而温度来不及变,因此是绝热过程,由气体状态方程得到瓶内空气柱的振动方程,于是就可以解释上述发出的嗡嗡鸣声。

笔者年轻时,曾在北方的农村挑水,肩上一根扁担两头各挂一个桶,装满水走起来不一会水就晃荡出来,正如老作家聂绀弩的《挑水》诗,"这头高便那头低,片木能平桶面漪"。人走步的频率与水面晃荡频率共振,可放一个轻木片于桶的水面破坏之。

笔者认为从物理的精神层面来看,应该让学生认识到单摆和弹簧都是属于简谐运动,一旦吃透了简谐运动的本质,则不少物理题可迎刃而解。所以要对简谐运动建立最直接、简洁的心像。

如图 5.1 所示,质点以角速度 ω 做匀速圆周运动,半径是 r,运动圆轨迹在竖直的直径上的投影点 x(离圆心的距离)往复来回,就是简谐运动。当质点在圆轨迹的位置偏离竖直方向 θ 角时，$x = r\cos\theta$，投影点 x 往复来回的速度大小为 v，即

$$v = \omega r \sin\theta = \omega\sqrt{r^2 - x^2}$$

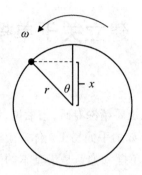

图 5.1　做匀速圆周运动的质点

注意 r 既是圆运动的半径，也是竖直方向的直径上的投影点往复的振幅；另一方面，质点做匀速圆周运动的径向加速度是 $\omega^2 r$，其在竖直方向的直径上投影点的加速度是

$$a = \ddot{x} = -\omega^2 r\cos\theta = -\omega^2 x$$

振幅最大时，加速度最大，速度最小，这就是简谐运动的特点。往复周期为

$$T = \frac{2\pi}{\omega} = 2\pi\sqrt{\frac{x}{a}}$$

即是说，知道了 x 点的位置和在此点的加速度，就可得到周期。

　　例 5.1　如图 5.2 所示，在水平弹性振动膜上撒点细盐粒，振动膜最大振幅为 A，膜以什么频率振动，正好使得盐巴在振幅为 A 处脱离膜？

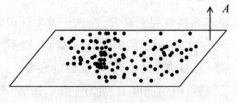

图 5.2　例 5.1 图

解　盐粒受膜的作用力和重力

$$N - mg = ma$$

在振幅为 $x = A$ 处脱离时，$N = 0$，$a = -g$，此刻盐粒的速度为零，所以根据上面第二式得到膜振动频率是

$$\omega^2 = \frac{-g}{A}$$

如果振动频率增加，盐粒在未达到最大振幅时就可脱离膜

$$\omega^2 = \frac{-g}{x}$$

x 的值可以取得小，$x < A$，此刻盐巴有速度

$$v = \omega\sqrt{A^2 - x^2}$$

做竖直上抛运动，上抛距离

$$h = \frac{v^2}{2g} = \frac{\omega^2\left(A^2 - x^2\right)}{2g}$$

即

$$\frac{2gh}{\omega^2} = A^2 - x^2 = A^2 - \frac{g^2}{\omega^4}$$

如已知上抛距离 h，可求最大振幅

$$A = \frac{1}{\omega^2}\sqrt{2gh\omega^2 + g^2} = \frac{1}{\omega^2}\sqrt{2g\left(H - x\right)\omega^2 + g^2} = \frac{1}{\omega^2}\sqrt{2gH\omega^2 - g^2}$$

如已知盐巴跳离膜平衡位置的高度 H，则

$$H = h + x = h - \frac{g}{\omega^2}$$

例 5.2　如图 5.3 所示，电子以速度 v 进入到与速度方向垂直的均匀磁场 B 中，必做简谐运动，为什么？

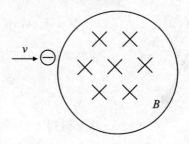

图 5.3　例 5.2 图

解 由 Lorenz 力的公式可知电子的加速度

$$\frac{\mathrm{d}v_x}{\mathrm{d}t} = \frac{qB}{m}v_y$$

$$\frac{\mathrm{d}v_y}{\mathrm{d}t} = -\frac{qB}{m}v_x$$

故有

$$\frac{\mathrm{d}^2 v_x}{\mathrm{d}t^2} + \omega^2 v_x = 0$$

电子的回旋频率是

$$\omega = \frac{qB}{m}$$

5.2 单摆的简谐性

单摆给人的的印象是:摇摇摆摆、任人拨弄、摇摆不定。其实,单摆的运动有确定性,这是伽利略先获得的心像。伽利略在教堂里一手按着自己的脉搏,数着跳动的次数,一边看着吊灯的摆动。结果发现了一条规律: 就小振动而言,摆幅不同,但来回一次摆动中脉搏跳动的次数是一样的, 也就是说灯摆的周期与振幅无关。后来,惠更斯根据伽利略发现的单摆的原理造出了一座带摆的时钟。

掌握了简谐运动的知识,立刻就可了解单摆的往复运动。其摆动力由地球引力生成。

例 5.3 如图 5.4 所示, 设摆线偏离竖直方向 β 角,摆长为 l,摆球的加速度是

$$a = g\sin\beta = \frac{g}{l}x \approx g\beta$$

对照简谐运动的加速度公式

$$|a| = -\omega^2 x$$

马上得到

$$\omega^2 = \frac{g}{l}$$

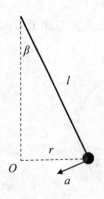

图 5.4 例 5.3 图

参考上题中盐粒的速度公式可知摆球的速度是

$$v = \sqrt{\frac{g}{l}\left(r^2 - x^2\right)}$$

这里的 r 就是摆幅。最大速度发生在 $x = 0$ 处,最小速度发生在 $x = r$ 处,单摆周期是

$$T = 2\pi\sqrt{\frac{l}{g}}$$

推广　如图 5.5 所示,一个光滑小球,在一个半径为 R 的圆管内小摆动,求周期。

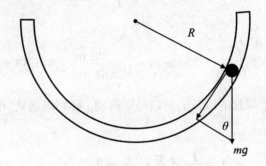

图 5.5　圆管内摆动的光滑小球

把小球想象为一个单摆,摆长为 R,即得

$$T = 2\pi\sqrt{\frac{R}{g}}$$

具体计算如下:

小球加速度

$$a = R\frac{\mathrm{d}^2\theta}{\mathrm{d}t^2} = -g\sin\theta \approx -g\theta$$

即

$$\frac{\mathrm{d}^2\theta}{\mathrm{d}t^2} + \frac{g}{R}\theta = 0$$

所以

$$\omega = \sqrt{\frac{g}{R}}$$

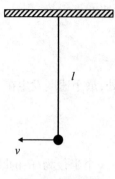

图 5.6   例 5.4 图

例 5.4   如图 5.6 所示,游乐园有个摆,摆长 $l = 30$ m,开始处于静止,有个游人经过时顺手给了摆球 76 cm/s 的初速度使其摆起来,摆球经过多少时间可摆到最远处?

解   这个问题问得很物理,该游人不能答,笔者在这里解答如下:摆开始处于静止,在 $x = 0$ 处,$v = r\sqrt{\dfrac{g}{l}}$,r 是摆幅,所以摆到最远处是

$$r = v\sqrt{\frac{l}{g}} = 0.76 \text{ m/s} \times \sqrt{\frac{30 \text{ m}}{9.81 \text{ m/s}^2}} = 1.33 \text{ m}$$

1.33 m 远小于摆长的 30 m,所以是微振动。摆到最远处,摆球恰经过 1/4 周期

$$t = \frac{T}{4} = \frac{\pi}{2}\sqrt{\frac{l}{g}} = 2.75 \text{ (s)}$$

例 5.5   如图 5.7 所示,游乐园有个摆长为 l 的秋千座位(质量不计),上面坐个儿童(质量 m)在游荡,当儿童荡到 1 弧度处,他的母亲以等同于儿童重量的力沿着摆线推座位直到秋千归零位置,问母亲推了多长时间。

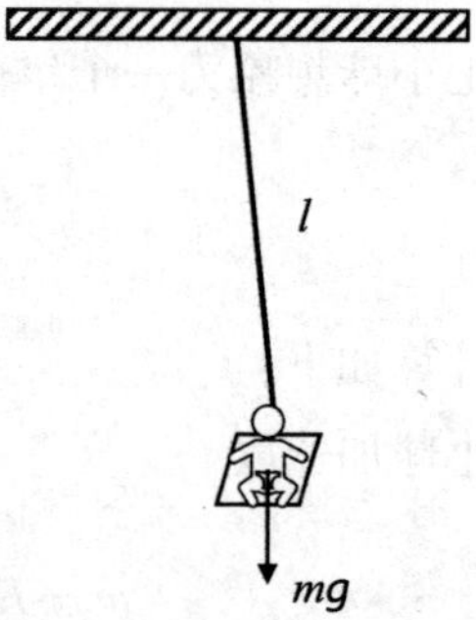

解   秋千开始处于 1 弧度处,由于外力沿着摆线,小孩参与运动的方程是

$$ml\ddot{\theta} = -mg\sin\theta - mg$$

即为

$$\ddot{\theta} + \frac{g}{l}(\sin\theta + 1) = 0$$

图 5.7   例 5.5 图

鉴于 1 弧度是小角度，$\sin\theta \approx \theta$，令 $\theta + 1 = \theta'$，上式变为

$$\ddot{\theta}' + \frac{g}{l}\theta' = 0$$

$$\frac{g}{l} = \omega^2$$

其解是

$$\theta + 1 = A\cos\omega t + B\sin\omega t$$

$$\dot{\theta} = -\omega A\sin\omega t + B\omega\cos\omega t$$

初始时刻 $t = 0$，从这两个方程给出 $\theta = 1, \dot{\theta} = 0$，故

$$A = 2$$
$$B = 0$$

所以

$$\theta + 1 = 2\cos\omega t$$

当秋千到归零位置，$\theta = 0$，所以

$$1 = 2\cos\omega t_1$$

$$\omega t_1 = \frac{\pi}{3}$$

故

$$t_1 = \frac{\pi}{3}\sqrt{\frac{l}{g}}$$

分析　如果不施加外力，所需时间为

$$\frac{1}{4}T = \frac{\pi}{2}\sqrt{\frac{l}{g}} > t_1$$

可见，儿童母亲的推力使得秋千归零时间缩短。

　　例 5.6　伽利略曾在教堂抬头看吊灯摆动的周期并用自己的脉搏作为时间的量度去测，发现单摆的周期与摆动振幅无关（在小振动的情形），然而这是有先决条件的，即必须事先默认他的心律恒定和精确，但当时并没有这样的计时器。于是伽利略就建议医生用单摆原理做节拍器来测量人的心跳速率。

　　后来，伽利略设计出了时间节拍器，若要使得节拍器振动一次的时间为 t，那么拍长是多少？

节拍器摆动一次时间 $t = T/2$,若 1 s 中摆动 n 次,则 $t = 1/n$,周期 $T = 2/n$,拍长

$$l = g\frac{T^2}{4\pi^2} = \frac{g}{\pi^2 n^2} = \frac{gt^2}{\pi^2}$$

由节拍器可测量重力加速度,例如 $l = 3$ m,节拍器每一振动耗时 1.736 s,则

$$g = l\frac{\pi^2}{t^2} = 9.815(\text{m/s}^2)$$

书写到这里,我不禁想到先秦时代一则寓言故事《郑人买履》,出自《韩非子·外储说左上》。它既是一个成语,也是一个典故。笔者早在读小学时,就知道它了,大意主要是说郑国某人因过于相信"尺度",造成买不到鞋子的故事。揭示了郑人拘泥于教条心理,过于依赖数据的习惯。原文如下:

"郑人有欲买履者,先自度其足,而置之其坐,至之市,而忘操之,已得履,乃曰:'吾忘持度'。反归取之,及反,市罢,遂不得履。"

一般认为:这则寓言讽刺了那些墨守成规的教条主义者,说明因循守旧,不思变通,终将一事无成。

但如今,笔者将这则寓言与物理学家伽利略的测量单摆周期的故事做一比较,隐约觉得古代的郑人有伽利略的作风,他先测量自己的脚的尺寸,以之作为以后用的标准。就像伽利略先用自己的心律测了单摆律,而以后他只依靠单摆计时,不再用自己的心律了。难道郑人的思维超前伽利略了,有将观测结果量化、规范化的思想了?

历史上,郑人的举动是否启示了商家生产鞋时就标好尺码,进而规范化呢?笔者不得而知也。

例 5.7　如图 5.8 所示,若单摆的悬挂处在竖直方向上随时间变化,速度是 $\dot{y} = h(t)$,求摆的频率变化。

解　心像，将悬挂处之变想象
为引力场的改变,加速度是

$$\ddot{y} = \dot{h}(t)$$

动力学方程是

$$ml^2\ddot{\theta} = -m\left[g + \dot{h}(t)\right]l\sin\theta$$

因此摆的频率是

$$\omega^2 = \frac{g + \dot{h}}{l}$$

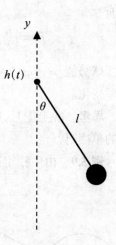

图 5.8　例 5.7 图

例 5.8　如图 5.9 所示,若单摆
的悬挂处在水平方向随时间变化增
量是 $f(t)$,求质量为 m 的摆球动能。

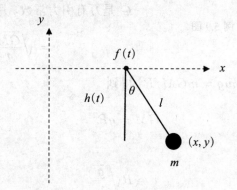

图 5.9　例 5.8 图

解　动能

$$T = \frac{m}{2}\left(\dot{x}^2 + \dot{y}^2\right)$$

摆线长为 l,摆球坐标为 (x, y),有

$$x = f(t) + l\sin\theta$$
$$y = l\cos\theta$$
$$[x - f(t)]^2 + y^2 = l^2$$

故而

$$T = \frac{m}{2}\left\{ l^2\dot\theta^2 + 2l\dot\theta\cos\theta\dot f(t) + \left[\dot f(t)\right]^2 \right\}$$

而摆球势能 $= mgl(1-\cos\theta) \approx \frac{m}{2}gl\theta^2$，由势能与动能之比可求摆的频率变化。

思考 晚上望月，能将月亮的局部运行看作是被地球无形的手扯住的单摆吗？

例 5.9 由牛顿定律估算月亮运动周期。

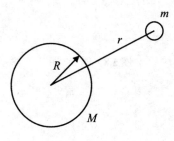

如图 5.10 所示，月亮质量 m，地球质量 M，地球半径 $R = 6.4 \times 10^6$ m，月亮与地球相距 $r = 6R$，月亮受地球向心力由引力实施，故

$$m\frac{v^2}{r} = \frac{GMm}{r^2}$$

G 是万有引力常数。月亮线速度是

$$v = \sqrt{\frac{GM}{r}}$$

图 5.10 例 5.9 图

地球半径 R 由 $mg = mGM/R^2$ 得到

$$GM = gR^2$$

所以

$$v = R\sqrt{\frac{g}{r}}$$

月亮公转周期

$$T = \frac{2\pi r}{v} = 2\pi\sqrt{\frac{r^3}{gR^2}} = 27.2(\mathrm{d})$$

如将月亮的局部运行看作是单摆，与 $T = 2\pi\sqrt{\frac{l}{g}}$ 比较可见相应的摆长是

$$\frac{r^3}{R^2} = 6^3 R = 36r > r$$

单摆摆长远大于月亮与地球的距离，所以将月亮的局部运行看作是被地球无形的手扯住的单摆的观点是荒唐的。

5.3　复摆的准简谐性

如图 5.11 所示,任意形状的物体质量为 M,在 O 点绕轴转动,而它的重心在 G 处,离开 O 点的距离是 l_0,GO 连线与重力竖直线的夹角是 θ。设物体绕轴 O 的转动惯量是 I',则

$$Mgl_0\sin\theta = I'\beta$$

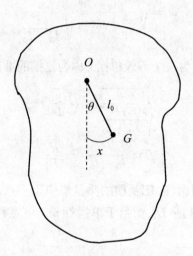

图 5.11　任意形状物体的摆动

β 是刚体角加速度,则重心 G 处的线加速度 a 是

$$a = l_0\beta = \frac{Mgl_0^2\sin\theta}{I'}$$

鉴于 $\sin\theta \approx \theta$,$l_0\theta = x$,便是一段弧长,上式变为

$$a = \ddot{x} = \frac{gl_0}{\dfrac{I'}{M}}x$$

符合简谐振动的形式,故得

$$\omega = \sqrt{\frac{gl_0}{\dfrac{I'}{M}}}$$

或写成

$$\omega = \sqrt{\frac{Mgl_0}{I'}} = \sqrt{\frac{\mathfrak{M}}{I'}}$$

其中，$\mathfrak{M}$ 是力矩。如物体绕重心的转动惯量 $I = Mr^2$，由刚体的平行轴定理

$$I' = I + Ml_0^2 = M\left(r^2 + l_0^2\right)$$

r 称为回转半径，则

$$\omega = \sqrt{\frac{gl_0}{r^2 + l_0^2}} = \sqrt{\frac{g}{\frac{r^2}{l_0} + l_0}}$$

将给定的复摆模拟为一个等效单摆（称为复摆的准简谐性）：

$$\sqrt{\frac{g}{\frac{r^2}{l_0} + l_0}} \equiv \sqrt{\frac{g}{L}}$$

$$L = \frac{r^2}{l_0} + l_0 = \frac{I'}{Ml_0}$$

可见就摆动的周期而言，把复摆的质量集中于一点，就可以模拟单摆，该点离支点的距离是 L，相当于单摆摆长，该点称为是复摆的振动中心。

由 $\omega = \sqrt{\dfrac{gl_0}{r^2 + l_0^2}}$ 可知，为了用复摆测量重力常数 g，需知道 ω, l_0 和回转半径 r，l_0 是质心离开转轴的距离，这就又要知道质心在哪里。

英国人亨利·凯特发明了一个摆（图 5.12），可以绕开须知道质心的具体位置的要求。他的装置上面有两个刀口可以挂摆，刀口离质心的距离分别是 l_a 和 l_b，相应的摆动的频率是

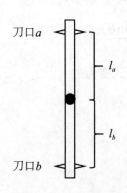

图 5.12　亨利·凯特的摆

$$\omega_a = \sqrt{\frac{gl_a}{r^2 + l_a^2}}$$

$$\omega_b = \sqrt{\frac{gl_b}{r^2 + l_b^2}}$$

调节 l_a 与 l_b 直到 $\omega_a = \omega_b = \omega$，于是

$$\frac{r^2}{l_a} + l_a = \frac{r^2}{l_b} + l_b$$

即

$$r^2 = \frac{l_a l_b^2 - l_b l_a^2}{l_b - l_a} = l_a l_b$$

于是摆的频率

$$\omega = \sqrt{\frac{g}{l_a + l_b}}$$

现在只需知道 $l_a + l_b$ 就行了。可测得重力常数为

$$g = \omega^2 \left(l_a + l_b \right)$$

所以，只要知道两个刀口之间的距离和测量得到 ω 就可推知重力加速度。以上的数学推导在设计中起了启迪作用。

例 5.10　将上述过程推广到复摆情形，让一个复摆的转轴第一次距离重心为 h_1 做微小摆动测出周期 T_1，第二次让转轴距离重心为 h_2 微小摆动测出周期 T_2，复摆质量为 m，根据此数据求重力加速度（图 5.13）。

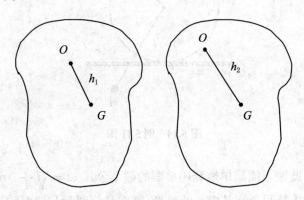

图 5.13　例 5.10 图

解　两次转动惯量分别是

$$I_1 = I_0 + mh_1^2$$
$$I_2 = I_0 + mh_2^2$$

I_0 是绕重心的转动惯量

$$T_1 = 2\pi\sqrt{\frac{I_1}{mg}} = 2\pi\sqrt{\frac{I_0 + mh_1^2}{mg}}$$

故

$$\frac{T_1^2 h_1}{4\pi^2} = \frac{I_0}{mg} + \frac{h_1^2}{g}$$

$$\frac{T_2^2 h_2}{4\pi^2} = \frac{I_0}{mg} + \frac{h_2^2}{g}$$

两式相减得到重力加速度

$$g = \frac{4\pi^2 (h_1^2 - h_2^2)}{T_1^2 h_1 - T_2^2 h_2}$$

例 5.11 如图 5.14 所示，质量为 M，半径是 r 的圆盘中心系一轻杆单摆，摆长 l，摆球质量是 m，单摆摆动带动圆盘在地面上作无滑动的滚动，求此系统的固有频率。

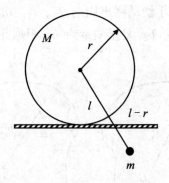

图 5.14 例 5.11 图

解 此题不能简单地套用单摆的频率公式 $\omega = \sqrt{\dfrac{g}{l}}$。$mgl$ 是力矩，$Mr^2/2$ 是圆盘绕其中心的惯量，现在是绕圆盘与地面的接触点转动，故惯量为 $3Mr^2/2$。摆球系在圆盘中心，单摆摆球绕圆盘与地面的接触点的摆动惯量是 $m(l-r)^2$。根据复摆的频率公式 $\omega = \sqrt{\dfrac{\mathfrak{M}}{I}}$，$\mathfrak{M}$ 是力矩，显然

$$\omega^2 = \frac{mgl}{\dfrac{3Mr^2}{2} + m(l-r)^2}$$

思考 1　将例 5.11 中轻杆摆改为长为 l, 质量 M' 的均匀杆, 摆球质量仍是 m, 求振动频率。

思考 2　如例 5.11 中"思考 1"中无摆球, 求系统的微振动频率。

例 5.12　如图 5.15 所示, 将长 $L = 1\,\mathrm{m}$ 的尺作为复摆竖直悬挂着, 问悬点在何处时, 摆动周期最小?

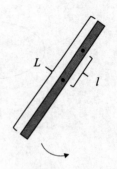

解　设悬点离开尺的中心距离为 l, 摆动惯量

$$\frac{1}{12}mL^2 + ml^2 = I$$

图 5.15　例 5.12 图

复摆周期

$$T = 2\pi\sqrt{\frac{I}{mgl}} = 2\pi\sqrt{\frac{L^2 + 12l^2}{12gl}}$$

求极小值

$$\frac{\mathrm{d}T^2}{\mathrm{d}l} = 0$$

解得

$$l = \frac{L}{2\sqrt{3}}$$

5.4　圆锥摆的简谐性

如图 5.16 所示, 圆锥角是 α, 圆半径为 r 的圆锥摆摆球受力为摆线上张力 T、离心力 F, 力平衡方程是

$$F - T\sin\alpha = 0$$
$$T\cos\alpha = mg$$

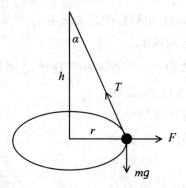

图 5.16   圆锥摆

故而

$$\tan\alpha = \frac{F}{mg} = \frac{\omega^2 r}{g}$$

又 $\tan\alpha = \frac{r}{h}$，所以 $h = \frac{g}{\omega^2}$，圆锥摆的频率为

$$\omega = \sqrt{\frac{g}{h}}$$

h 是圆锥面离开悬挂点的距离。摆线长 l，张力

$$T = mg\frac{l}{h} = \frac{mg}{\cos\alpha}$$

圆锥摆球做匀速圆周运动，速度为

$$v = \omega r = \sqrt{\frac{g}{h}}r = \sqrt{\frac{gl}{\cos\alpha}}\sin\alpha$$

我们还可以从角动量的心像来考虑圆锥摆。角动量 J 与摆线垂直，它的分量

$$J_z = mvl\sin\alpha$$
$$J_{垂直} = mvl\cos\alpha$$

转动力矩

$$M = mgl\sin\alpha$$

角动量的变化

$$\Delta J = J_{垂直}\Delta\alpha$$

由

$$M\Delta t = \Delta J$$

得到

$$mvl\cos\alpha\Delta\alpha = mgl\sin\alpha\Delta t$$

鉴于 $\omega = \sqrt{\dfrac{g}{h}}$，有

$$\frac{\Delta\alpha}{\Delta t} = \frac{g}{v}\tan\alpha = \omega$$

与上述用力的分析得到的结果一致。

例 5.13　如图 5.17 所示，物体 m_1 通过不可伸长的绳（长 L）穿过钉在天花板 O 点的小环和物体 m_2 相连，设绳绕悬环点转无任何摩擦，m_1 与 m_2 各做圆锥摆运动，两根摆线 l_1，l_2 与竖直轴始终在一个平面内，夹角分别为 α_1，α_2，求两根摆线各长多少？

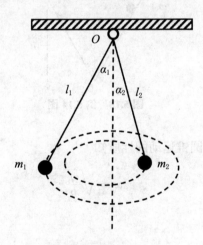

图 5.17　例 5.13 图

解　由题意知，两个摆的角速度 $\omega = \sqrt{\dfrac{g}{h_1}} = \sqrt{\dfrac{g}{h_2}}$ 相同，则

$$l_1\cos\alpha_1 = l_2\cos\alpha_2 \qquad (L = l_1 + l_2)$$

摆线上张力相等

$$\frac{m_1 g}{\cos\alpha_1} = \frac{m_2 g}{\cos\alpha_2}$$

联立解得

$$l_1 = \frac{m_2}{m_1 + m_2}L$$
$$l_2 = \frac{m_1}{m_1 + m_2}L$$

实际上，此题中，两根摆线以这种方式转动，求其摆长就是确定 m_1、m_2 与质心位置的距离。

例 5.14　如图 5.18 所示，圆锥角是 α 的圆锥形漏斗内有一个质量为 m 的小球,与内锥面间无摩擦,要使 m 停在 h 高度随着漏斗绕其中心轴一起以角速度 ω 转动,问小球的速度几何?

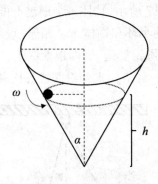

图 5.18　例 5.14 图

解　由上述圆锥运动的性质知

$$\omega = \sqrt{\frac{g}{h}}$$

故小球的速度是

$$v = h \tan\frac{\alpha}{2}\sqrt{\frac{g}{h}} = \sqrt{hg}\tan\frac{\alpha}{2}$$

例 5.15　如图 5.19 所示,把圆锥摆的摆线改为一个原长是 l_0 的轻弹簧,弹性系数是 k,则圆锥面的上升高度是 $l_0\cos\alpha + mg/k$,因此圆锥摆的频率是

$$\omega = \sqrt{\frac{g}{l_0\cos\alpha + \dfrac{mg}{k}}}$$

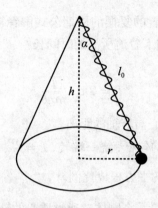

图 5.19　例 5.15 图

例 5.16　要让每分钟转 80 转的圆锥摆高度上升 1 cm,频率要增加多少?

解　83 转/min。

例 5.17　如图 5.20 所示,一根均匀直杆做成的圆锥摆,

$$I\ddot{\theta} = \frac{mgl}{2}\sin\theta$$

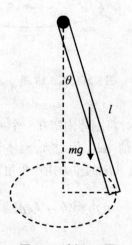

图 5.20　例 5.17 图

式中,$I = \frac{1}{3}ml^2$,故而

$$\omega = \sqrt{\frac{3g}{2l}}$$

例 5.18   试用倒置的复摆的周期公式解释被砍断的高大树木与矮小树木相比,哪个倒下着地所需的时间长?

解

$$T = 2\pi\sqrt{\frac{I}{mgb}}$$

这里的 b 是树木的重心与转轴的距离。

例如,长为 l 的均匀杆,绕一端转,$I = \dfrac{ml^2}{3}$,$b = \dfrac{l}{2}$,故周期是 $T = 2\pi\sqrt{\dfrac{2l}{3g}}$,与杆长的平方根成比例。

例 5.19   如何测量一个刚体对通过质心的轴 DE 的转动惯量?

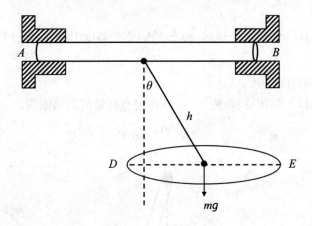

图 5.21   例 5.19 图

解   如图 5.21 所示,将刚体固定在一个可以绕固定轴 AB 转动的框架上,轴 DE 平行轴 AB,相距 h,刚体与框架固连在一起绕轴 AB 转动,通过质心对轴 AB 的重力矩产生角加速度

$$-mgh\sin\theta = I_{AB}\ddot{\theta}$$

转动周期为

$$T = 2\pi\sqrt{\frac{I_{AB}}{mgh}}$$

故有

$$I_{AB} = \frac{mghT^2}{4\pi^2}$$

测得 T, 刚体对通过质心的轴 DE 的转动惯量就是

$$I_{DE} = I_{AB} - mh^2 = mgh\left(\frac{T^2}{4\pi^2} - \frac{h}{g}\right)$$

5.5 从单摆公式抽象出引力质量等于惯性质量

单摆的势能来自地球引力, 相应的质量是引力质量

$$E_{势} = m_{引}gl\left(1 - \cos\theta\right)$$

单摆的动能 $\frac{1}{2}m_{惯}l^2\dot\theta^2$, 相应的质量是惯性质量:

$$m_{引}gl\left(1 - \cos\theta\right) \approx \frac{1}{2}m_{引}gl\theta^2$$

摆动中, 总能量守恒, 不随时间变化, 给出运动方程

$$\frac{\mathrm{d}}{\mathrm{d}t}\left(\frac{1}{2}m_{引}gl\theta^2 + \frac{1}{2}m_{惯}l^2\dot\theta^2\right) = m_{引}gl\theta\dot\theta + m_{惯}l^2\dot\theta\ddot\theta = 0$$

即

$$m_{引}g\theta + m_{惯}l\ddot\theta = 0$$

单摆的频率

$$\omega = \sqrt{\frac{l}{g}}\sqrt{\frac{m_{惯}}{m_{引}}}$$

牛顿选择不同的摆球, 即对不同的 $m_{惯}$, 观察 ω 有没有变化, 结果是没看到变化, 即 $\sqrt{\dfrac{m_{惯}}{m_{引}}}$ 是个常量, 说明引力质量有可能等于惯性质量。

例 5.20　如图 5.22 所示, 将一个长为 l 的单摆挂在半径为 R 的转动圆盘边缘上, 转速是 ω, 求单摆在径向做微小振动的频率 Ω。

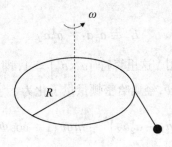

图 5.22　例 5.20 图

解 想象人坐在转动圆盘上,悟到摆球的平衡位置不再在竖直方向上,受到惯性力 $m\omega^2 R$,这相当于重力加速度变成 $\sqrt{(\omega^2 R)^2 + g^2}$,所以单摆在径向做微小振动的频率是将 $\sqrt{\dfrac{g}{l}}$ 推广为

$$\Omega = \sqrt{\frac{\sqrt{(\omega^2 R)^2 + g^2}}{l}}$$

5.6 量子摆理论 [①]

经典摆是宏观的,现实世界有很多东西可以看作是量子摆,例如分子电磁恢复力所引起的受阻尼转动可以视为微型量子摆、超导 Josephson 结也可看作量子摆。那么,经典摆如何过渡到量子摆呢? 这个问题以往的文献都没讨论过。

一个长度为 r 的单摆挂有一个质量为 m 的小球受到重力场作用,相应的势能为

$$V(\varphi) = mgr\left(1 - \cos\varphi\right)$$

这里的 φ 是摆偏离垂直方向的角度,经典哈密顿量是

$$-\frac{1}{2mr^2} \cdot \frac{\partial^2}{\partial \varphi^2} + mgr\left(1 - \cos\varphi\right)$$

笔者曾在 4.2 节给出纠缠态 $\langle\eta|$,见 (4.9) 式,可以证明在 $\langle\eta|$ 表象

$$\langle \eta = |\eta|\, \mathrm{e}^{\mathrm{i}\varphi}| = \langle 00|\exp\left(-\frac{|\eta|^2}{2} + \eta^* a_1 - \eta a_2 + a_1 a_2\right)$$

中,角动量

$$L_z \equiv a_1^\dagger a_1 - a_2^\dagger a_2$$

起了对 φ 微商的作用 ,这里算符 $\left[a_1, a_1^\dagger\right] = 1$,即 $\langle\eta|\, L_z = -\mathrm{i}\dfrac{\partial}{\partial\varphi}\,\langle\eta|$,所以把 φ 看作算符 Φ,经典哈密顿量量子化为

$$H = \frac{1}{2mr^2}\left(a_1^\dagger a_1 - a_2^\dagger a_2\right)^2 + mgr\left(1 - \cos\Phi\right), \qquad (\hbar = 1)$$

[①] 此节初读者可略过。

其中

$$\cos\varPhi = \frac{1}{2}\left(e^{i\varPhi} + e^{-i\varPhi}\right)$$

$$e^{-i\varPhi} = \sqrt{\frac{a_1^\dagger - a_2}{a_1 - a_2^\dagger}}$$

将 H 从左边作用于 $\langle\eta|$，就导出

$$\langle\eta|\,H = \left[-\frac{1}{2mr^2}\cdot\frac{\partial^2}{\partial\varphi^2} + mgr\,(1 - \cos\varphi)\right]\langle\eta|$$

由

$$\left[L_z, a_1^\dagger - a_2\right] = -\left(a_1^\dagger - a_2\right),\ \left[L_z, a_1 - a_2^\dagger\right] = a_1 - a_2^\dagger$$

$$\left[L_z, \left(a_1^\dagger - a_2\right)\left(a_1 - a_2^\dagger\right)\right] = 0$$

知

$$\left[L_z, e^{i\varPhi}\right] = e^{i\varPhi}$$

$$\left[L_z, e^{-i\varPhi}\right] = -e^{-i\varPhi}$$

$$\left[L_z, \cos\varPhi\right] = i\sin\varPhi$$

$$\left[L_z, \sin\varPhi\right] = -i\cos\varPhi$$

所以摆的转角和角动量有不确定关系

$$\Delta L_z\Delta\cos\varPhi \geqslant \frac{1}{2}\left|\langle\sin\varPhi\rangle\right|.$$

由海森伯方程导出

$$\frac{\partial}{\partial t}L_z = -i\left[L_z, H\right] = -i\left[L_z, -mgr\cos\varPhi\right] = -mgr\sin\varPhi$$

以及

$$\partial_t e^{i\varPhi} = -i\left[e^{i\varPhi}, \frac{1}{2mr^2}L_z^2\right]$$

$$= -\frac{1}{2mr^2 i}\left(L_z e^{i\varPhi} + e^{i\varPhi}L_z\right)$$

所以

$$e^{-i\varPhi}L_z e^{i\varPhi} = e^{-i\varPhi}\left(e^{i\varPhi}L_z + e^{i\varPhi}\right) = L_z + 1$$

取

$$\partial_t e^{i\Phi} = \frac{i}{2} \left[e^{i\Phi} \partial_t \Phi + (\partial_t \Phi) e^{i\Phi} \right]$$

对照前三式, 可知摆的角速度

$$\partial_t \Phi = \frac{1}{mr^2} L_z$$

或

$$L_z = mr^2 \partial_t \Phi$$

这就是经典摆的角动量 $l_z = mr^2 \partial_t \varphi$ 的量子对应（历史上, 荷兰物理学家 Erenfest 曾给出牛顿公式 $F = ma$ 的量子对应）。形式上的 $\Delta L_z \Delta \Phi \geqslant \dfrac{\hbar}{2}$ 可给出

$$\Delta \partial_t \Phi = \frac{1}{mr^2} \Delta L_z \geqslant \frac{\hbar}{2mr^2 \Delta \Phi}$$

而角加速度

$$\partial_t^2 \left(mr^2 \Phi \right) = \partial_t L_z = -mgr \sin \Phi$$

它恰好对应经典的力矩方程, 即

$$\frac{\partial}{\partial t} \boldsymbol{L} = \boldsymbol{r} \times \boldsymbol{F} = -Fr \sin \Phi = -mgr \sin \Phi$$

第6章 建立关于弹簧的心像

弹簧在日常生活中有广泛的应用,古人甚至将它用于抓鸡。因为徒手抓飞禽相当不容易,古人设计了名为"铜蜻蜓"的小型装置,看准一只公鸡,丢给它一只铜蜻蜓,那公鸡赶上去就是一口,却不料触动了埋在铜蜻蜓里的弹簧,机关崩开,撑住了鸡嘴,那鸡正在纳闷时,捕手便乘机将它一把抓住。古人多么聪明啊,可惜我们现在看不到这样的古董了,盼望有能人去设计重现出来。

弹簧在人的心目中是脾气很犟,拉扯它不行,挤压它也不行。成语"巧舌如簧"的释义为舌头灵巧得像乐器里发声的簧片一样。我国古代艺人也充分利用弹簧做道具。例如,京剧舞台上,有的人物,如周瑜、穆桂英等,在头盔上插两根雄雉鸡翎毛"耍翎子"。具体制作法是:在雄鸡尾毛的根部绑上竹签,再扎绑上三分园径的铜丝圈簧,其长度1.2~3 寸(4~10 cm)不等,竹签对接上雄鸡尾后外用丝缠绕几层绒球,上面装饰孔雀羽毛三根,然后把整体插在盔头翎管上,演员就可以甩头摆动耍翎子,利用铜丝圈簧的弹性加上雄鸡尾毛的弹性配合演员的舞姿晃动出各种眼花缭乱的翎子"体操"。

思考 光滑的水平桌面上有一弹簧,其一端系一质量为 M 的物体,另一端自由。一质量为 m 物体以速度 v 沿着弹簧伸缩的方向撞向此弹簧的自由端,问弹簧在什么情形下压缩最大?最大压缩时刻,有多少动能转换为弹性势能?

6.1 弹簧的简谐性

以简谐振动的观点看弹簧，弹簧力 $F = -kx$，振子的往复运动加速度

$$a = -\frac{k}{m}x$$

故对照

$$T = \frac{2\pi}{\omega} = 2\pi\sqrt{\frac{x}{a}}$$

得到弹簧振子的周期

$$T = 2\pi\sqrt{\frac{m}{k}}$$

$$\omega = \sqrt{\frac{k}{m}}$$

所以弹簧往复运动就是物理学家精神层面来看的简谐运动范例。我们看到周期只与比例 $\frac{m}{k}$ 有关。弹簧的心像是

$$F = -kx$$

例 6.1 如图 6.1 所示，半径为 R 的圆环上均匀分布正电荷，总电量为 Q，一个载有负电荷 $-Q$ 的质量为 m 的小球被限制在环的轴线上做微小运动，求其振动周期。

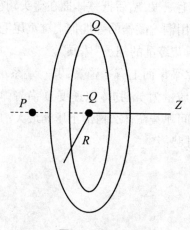

图 6.1 例 6.1 图

解　环心的电场为零,电势为

$$\phi = \frac{Q}{R}$$

环的轴线上 P 点(距离圆心 $z \ll R$)的电场沿着环的轴线,为

$$E = \frac{Qz}{(R^2 + z^2)^{3/2}}$$

负电荷 $-Q$ 在此点受力

$$F = \frac{-Q^2 z}{(R^2 + z^2)^{3/2}} = \frac{-Q^2 z}{R^3 \left(1 + \dfrac{z^2}{R^2}\right)^{3/2}}$$

式中,$\dfrac{z^2}{R^2}$ 为二阶小量,比较弹簧力公式 $F = -kz$,可知其振动周期

$$T = 2\pi \sqrt{\frac{m}{k}}$$

$$k \approx \frac{-Q^2}{R^3}$$

6.1.1　弹簧与单摆的对应

为了与单摆的频率公式比较, 我们可以进一步分析悬挂弹簧的细节。如图 6.2 所示,设弹簧原长 l,自身质量不计,悬挂有质量为 m 的物体后伸长至静止状态下(此处记为 O 点)弹簧长 l',故

$$k\,(l' - l) = mg$$

物体静止在位置 O,然后在扰动下弹簧振动, 则当物体离开 O 的距离为 x 时,弹簧力

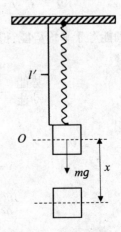

图 6.2　弹簧的振动

$$F = k\,(l' + x - l)$$

振动原动力 Q 是

$$Q = mg - F = mg - k\left(l' + x - l\right) = -kx \equiv -\frac{mg}{l' - l}x$$

即

$$k \equiv \frac{mg}{l' - l}$$

故

$$\omega = \sqrt{\frac{k}{m}} = \sqrt{\frac{g}{l' - l}}$$

这可以与单摆的频率公式比拟。

以能量的观点分析弹簧系着球,势能 $\frac{1}{2}kx^2$,动能 $\frac{1}{2}m\dot{x}^2$,有

$$E = \frac{1}{2}m\dot{x}^2 + \frac{1}{2}kx^2 \qquad \left(\omega = \sqrt{\frac{k}{m}}\right)$$

另一方面,对于单摆以能量分析的观点,势能 $= mgl\left(1 - \cos\theta\right) = \frac{1}{2}mgl\theta^2$,动能 $= \frac{1}{2}m\left(l\dot{\theta}\right)^2$,则

$$E = \frac{1}{2}m\left(l\dot{\theta}\right)^2 + \frac{1}{2}mgl\theta^2 \qquad \left(\omega = \sqrt{\frac{g}{l}}\right)$$

由平均动能等于平均势能,得到频率是:

对于弹簧

$$1 = \frac{势能}{动能} = \frac{kx^2}{m\dot{x}^2}, \quad \frac{\dot{x}^2}{x^2} = \frac{k}{m} = \omega^2$$

对于单摆

$$1 = \frac{势能}{动能} = \frac{g\theta^2}{l\dot{\theta}^2}$$

$$\frac{\dot{\theta}^2}{\theta^2} = \frac{g}{l} = \omega^2$$

例 6.2 如图 6.3 所示,一个平衡物体,长为 L 的立柱是一个铅笔尖,两根长为 l 的轻杆端各黏上两个质量为 m 的物体,求小振动频率。

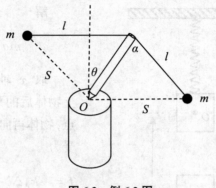

图 6.3　例 6.2 图

解　m 物体在铅笔杆上的投影是 $l\cos\alpha$,所以势能是

$$V = -2mg\left(l\cos\alpha - L\right)\left(1 - \frac{\theta^2}{2}\right)$$

记 s 是 m 物体离开铅笔尖的距离,动能是

$$T = \frac{1}{2}2ms^2\dot{\theta}^2$$

由 $1 = \dfrac{\text{动能}}{\text{势能}}$ 给出

$$\frac{\dot{\theta}^2}{\theta^2} = \frac{g\left(l\cos\alpha - L\right)}{s^2} = \omega^2$$

或由能量守恒得到

$$\frac{\mathrm{d}}{\mathrm{d}t}\left(T + V\right) = 0$$

故而

$$2ms^2\dot{\theta}\ddot{\theta} + 2mg\theta\left(l\cos\alpha - L\right)\dot{\theta} = 0$$

所以

$$\ddot{\theta} = \frac{g\left(l\cos\alpha - L\right)}{s^2}\theta$$

类似于单摆的情形,给摆球以某一速度使其摆起来,我们可以对弹簧提出下面的问题:

例 6.3　如图 6.4 所示,固定支架下悬挂一根弹簧,其挂上一物体后伸长 $\Delta l = 9.8$ cm。此刻给物体一个冲击,使它有向下瞬时速度 1 m/s,求振动频率与振幅。

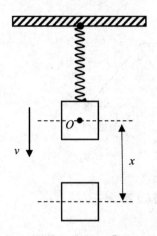

图 6.4 例 6.3 图

解

$$mg = k\Delta l$$

取 x 轴竖直向下，挂上物体后的平衡位置取为原点，物体再向下运动到 x 处，受力

$$f = -k(\Delta l + x) + mg = -kx = ma$$

所以

$$a = -\frac{k}{m}x$$

$$\omega = \sqrt{\frac{k}{m}} = \sqrt{\frac{g}{\Delta l}} = \sqrt{\frac{9.8 \text{ m /s}^2}{9.8 \text{ cm}}} = 10 \ (/\text{s})$$

振动频率

$$\upsilon = \frac{\omega}{2\pi} = 1.59 \ (\text{Hz})$$

我们看到，只要知道了挂上一物体后弹簧的竖直伸长，就可以知道其振动频率 $\sqrt{\frac{g}{\Delta l}}$，振幅由

$$\frac{1}{2}kx^2 = \frac{1}{2}mv^2 \qquad (v = 1 \text{ m/s})$$

得到

$$x = \sqrt{\frac{m}{k}}v = \frac{v}{\omega} = 0.1 \ (\text{m})$$

推想 飞机驾驶员的座椅、驾驶员头部 m，脊柱的刚度 k，这三者组成一个振子系统，若知道座椅的加速度，就可以知道驾驶员头部的反应。

6.1.2 心像的多元化

例 6.4 如图 6.5 所示，一个原长为 l、刚度系数为 k 的轻弹簧左、右两头分别系住质量为 m 和 M 的物体，两手拉伸弹簧增长 x 后，松开放在光滑平面上，求：

（1）振动周期；

（2）弹簧回到原长时,两物体的速度分别是多少?

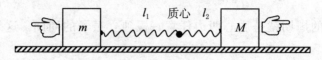

图 6.5　例 6.4 图

解　（1）设 m 和 M 离质心位置分别是 l_1（ 在左边 ）,l_2（ 在右边 ）

$$l_1 m + l_2 M = 0$$

则

$$\frac{l_1}{l_2} = \frac{M}{m}$$

$$l_1 + l_2 = l$$

所以

$$\frac{l_1}{l} = \frac{M}{m + M}$$

$$\frac{l_2}{l} = \frac{m}{m + M}$$

振动时无外力,故质心位置保持不动,两边的振动可以看作互为独立的振子,但是刚度系数要重新换算,分别为 k_1 与 k_2,拉伸量 x 分配给左边 $l_1 \frac{x}{l}$,分配给右边 $l_2 \frac{x}{l}$,弹簧上的张力在各处相等,表明

$$k_1 l_1 \frac{x}{l} = kx = k_2 l_2 \frac{x}{l}$$

故

$$k_1 = \frac{k}{l_1} l = \frac{m + M}{M} k$$

$$k_2 = \frac{k}{l_2} l = \frac{m + M}{m} k$$

振动周期

$$T = 2\pi \sqrt{\frac{m}{k_1}} = 2\pi \sqrt{\frac{mM}{(m + M)k}} = 2\pi \sqrt{\frac{M}{k_2}}$$

$$k_1 = \frac{4\pi^2 m}{T^2}$$

$$k_2 = \frac{4\pi^2 M}{T^2}$$

故系统的周期就是质心两边任意一根独立振子的周期, 这是一种心像。

进一步可以看到

$$\frac{1}{k_1} + \frac{1}{k_2} = \frac{l_1}{kl} + \frac{l_2}{kl} = \frac{1}{k}$$

所以一根弹簧可以看作分割成多个弹簧的串联, 将系统看成折合质量 $\frac{mM}{m+M}$ 以刚度系数为 k 在振动, 这是第二种心像。

此题也可直接从简谐运动方程解, 记 m 和 M 的物体坐标分别是 x_1, x_2, 分别受力

$$m\ddot{x}_1 = k(x_2 - x_1 - l)$$

$$M\ddot{x}_1 = -k(x_2 - x_1 - l)$$

记 $x_2 - x_1 - l = X$, 可导出

$$-\ddot{X} = \left(\frac{k}{m} + \frac{k}{M} \right) X$$

故振动周期是

$$\omega = \sqrt{\frac{(m + M)\, k}{mM}}$$

（2）弹簧回到原长时, 设两物体的速度分别是 v_1 和 v_2, 由于质心位置不动

$$\frac{\mathrm{d}^2 x_c}{\mathrm{d}t^2} = 0$$

故而

$$m v_1 = -M v_2$$

又由能量守恒得到

$$\frac{1}{2} k x^2 = \frac{1}{2} m v_1^2 + \frac{1}{2} M v_2^2$$

联立解之

$$v_1 = \frac{\sqrt{kM}}{\sqrt{m\,(m + M)}} x$$

$$v_2 = -\frac{\sqrt{km}}{\sqrt{M(m+M)}}x$$

例 6.5　上题中取 $m = M$，右边的物体受到一冲击得到速度 v，求后续的运动中两物体各自的速度。

解　为简谐运动，当 $t = 0, v_1 = v$，故而

$$v_1 = \frac{v}{2}(1 + \cos\omega t)$$

由动量守恒得

$$v_2 = \frac{v}{2}(1 - \cos\omega t)$$

再举一个工程中的问题，如伽利略常将物理应用于工程中。

例 6.6　如图 6.6 所示，一个卷扬机，通过滑轮和钢索吊挂重物作业。钢索有弹性，其刚性系数 $k = 5782 \times 10^3$ N/m；重物重量 $w = 147\,000$ N，正以速度 $v = 0.025$ m/s 匀速下降。如突然制动，钢索上端突然停止，求钢索上的最大张力。

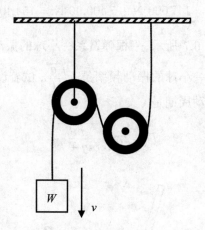

图 6.6　例 6.6 图

解　钢索的振动频率

$$\omega = \sqrt{\frac{k}{\dfrac{w}{g}}} = 19.6\ (/\text{s})$$

突然制动时

$$x(0) = 0$$
$$\dot{x}(0) = v$$

由振动规律,有

$$x = A \sin{(\omega t + \phi)}$$
$$\dot{x}(0) = A\omega = v$$

振幅

$$A = \frac{v}{\omega} = \frac{0.025 \text{ m/s}}{19.6 \text{ /s}} = 0.001\,28 \text{ (m)}$$

此振幅引起钢索上的张力

$$T' = kA = 7\,400.96 \text{ (N)}$$

加上重物重力得到钢索上的最大张力

$$T' + w = 147\,000 \text{ N} + 7\,400.96 \text{ N} = 154\,400.96 \text{ N}$$

例 6.7 如图 6.7 所示,一根弹簧系一小球的振动频率是 $\sqrt{\dfrac{k}{m}}$,一轻杆长为 l,系一小球的振动频率是 $\sqrt{\dfrac{g}{l}}$,试着设计一实验,使得当摆角很小时,振动周期是

$$T = 2\pi\sqrt{\frac{ml}{mg + kl}}$$

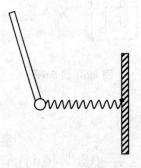

图 6.7　例 6.7 图

解　将频率改写为

$$\sqrt{\frac{kl+gm}{ml}} = \sqrt{\frac{k}{m} + \frac{g}{l}}$$

可见设计实验装置是一轻杆系一小球, 小球系一根弹簧的一端, 弹簧的另一端固定于墙, 如图 6.7 所示。

列方程, 当摆角 θ 很小时, 弹簧伸长

$$\Delta l = l \sin\theta$$

小球受力为

$$
\begin{aligned}
F &= mg\sin\theta + k\Delta l\cos\theta \\
&= \sin\theta\,(mg + kl\cos\theta) \cong (mg + kl)\,\theta
\end{aligned}
$$

它又等于

$$F = ml\ddot{\theta}$$

故

$$\ddot{\theta} = -\left(\frac{k}{m} + \frac{g}{l}\right)\theta$$

6.2　ω^2 的物理意义

弹簧的势能和动能分别是 $\frac{1}{2}kx^2$ 和 $\frac{1}{2}m\dot{x}^2$, 总能量守恒

$$\frac{\mathrm{d}}{\mathrm{d}t}\left(\frac{1}{2}kx^2 + \frac{1}{2}m\dot{x}^2\right) = 0$$

给出运动方程

$$\ddot{x} + \frac{k}{m}x = 0$$

故

$$\omega = \sqrt{\frac{k}{m}}$$

从更深的层面来看

$$\omega^2 = \frac{g}{l} = \frac{\dfrac{mg}{l}}{m} \equiv \frac{k}{m}$$

表示的物理意义是元质量物体经历元位移所受的恢复力。

例 6.8   如图 6.8 所示,杆长为 l,弹簧离开转动点距离为 b,弹簧系数 k,让质量 m 向下位移 1 cm,需要着力多少? 振动频率是多少?

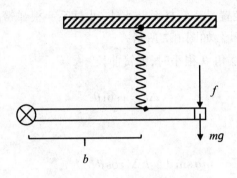

图 6.8   例 6.8 图

解   设需着力 f,则由力矩平衡方程,弹簧力 T 等于

$$T = \frac{fl}{b}$$

质量 m 下移 1 cm,弹簧下移 $\frac{b}{l}$,有

$$\frac{fl}{b} = k\frac{b}{l}$$

故

$$f = k\left(\frac{b}{l}\right)^2$$

这也是 m 质量物体经历元位移所受的恢复力

$$\omega = \frac{b}{l}\sqrt{\frac{k}{m}}$$

也可从能量角度理解,弹性势能 $\frac{1}{2}k\left(\frac{b}{l}\right)^2 x^2$,质量 m 的动能 $\frac{1}{2}m\omega^2 x^2$,则

$$\frac{1}{2}k\left(\frac{b}{l}\right)^2 x^2 = \frac{1}{2}m\omega^2 x^2$$

也得到 ω^2。我们称 $k\left(\frac{b}{l}\right)^2$ 为等效弹簧系数。

6.3 等效弹簧系数的引入与应用

例 6.9 如图 6.9 所示的梯子，梯脚长为 l，一脚固定，另一脚 C 可滑动，两个梯脚间的中点有弹簧系住，弹簧系数是 k，弹簧离顶端距离为 b，当弹簧为原长时两个梯脚间距离是 c，当有水平力 F 作用于 C 处而梯子仍平衡时，求梯子两个脚之间要增加多少距离？

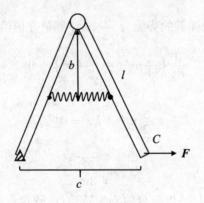

图 6.9　例 6.9 图

解 对于水平力 F 而言，它不直接作用于弹簧，考虑到 $k\left(\dfrac{b}{l}\right)^2 = k'$ 为等效弹簧系数，此概念常用于力并不直接作用于弹簧的情形。两个梯脚增加的距离是

$$\frac{F}{k'} = \frac{F}{k}\left(\frac{l}{b}\right)^2$$

此解可用虚位移方法来验证。

例 6.10 如图 6.10 所示，一个圆盘中心系一轻弹簧，其另一端固定于墙上，弹簧伸展方向平行于盘面，圆盘在地面作无滑滚动，求振动周期。

解 （1）能量法：圆盘中心为质心，集中质量 m，绕质心转动惯量是 $\dfrac{1}{2}mr^2$，质心平移 $x = r\theta$，$\dot{x} = r\omega$，θ 是圆心转角，圆盘动能为

$$\frac{1}{2}m\dot{x}^2 + \frac{1}{2}I\omega^2 = \frac{1}{2}m\dot{x}^2 + \frac{1}{2}\cdot\frac{1}{2}mr^2\omega^2 = \frac{3}{4}m\dot{x}^2$$

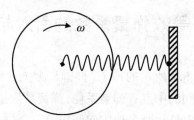

图 6.10　例 6.10 图

圆盘前进压迫弹簧的势能为 $\frac{1}{2}kx^2$，能量守恒给出

$$\frac{\mathrm{d}}{\mathrm{d}t}\left(\frac{3}{4}m\dot{x}^2 + \frac{1}{2}kx^2\right) = 0$$

即

$$\frac{3}{2}m\ddot{x} + kx = 0$$

故而

$$\omega = \sqrt{\frac{2k}{3m}}$$

（2）牛顿方程法：以圆盘中心为转动点，圆盘在地面作无滑滚动，地面给的摩擦力是 f，质心运动方程是

$$m\ddot{x} = -kx + f \qquad (\ddot{x} = \ddot{\theta}r)$$

力矩 fr 引起转动

$$\frac{1}{2}mr^2\ddot{\theta} = \frac{1}{2}mr\ddot{x} = -fr$$

故而上一式变为

$$\frac{3}{2}m\ddot{x} = -kx$$

得到

$$\omega = \sqrt{\frac{2k}{3m}}$$

（3）瞬心法：圆盘接触地面的点是瞬心，绕瞬心转动惯量是 $\frac{1}{2}mr^2 + mr^2$，相对于瞬心的力矩方程

$$\ddot{\theta} = \frac{kxr}{\frac{1}{2}mr^2 + mr^2} = \frac{kr^2\theta}{\frac{3}{2}mr^2} = \frac{2k}{3m}\theta$$

可见会得到相同的结论

$$\omega = \sqrt{\frac{2k}{3m}}$$

6.4 摆棍与弹簧的综合系统

例 6.11 如图 6.11 所示,设一轻弹簧原长为 l_0,只能在竖直方向上运动, 其下端系一长为 l、重为 M 的棍, 棍的摆动限制在一个平面内,求微小摆–振频率。

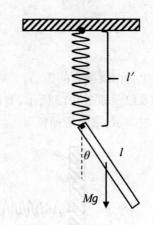

解 设弹簧在其挂上摆棍后的平衡位置是 l',即有

$$Mg = k\left(l' - l_0\right)$$

从此平衡位置棍做小摆动的

图 6.11 例 6.11 图

某一时刻,竖直偏移是 x,速度 $\dot{x}$,摆棍动能 = 质心动能 + 绕质心转动能,即

$$\frac{1}{2} M \left[\left(\frac{l}{2} \cos\theta \dot{\theta} \right)^2 + \left(\dot{x} + \frac{l}{2} \sin\theta \dot{\theta} \right)^2 \right] = 质心动能$$

$$\approx \frac{1}{2} M \left(\frac{l^2}{4} \dot{\theta}^2 + \dot{x}^2 \right)$$

绕质心转动惯量 $I = \frac{1}{12} M l^2$,则

$$\frac{I}{2} \dot{\theta}^2 = \frac{Ml^2}{24} \dot{\theta}^2 = 绕质心转动能$$

摆棍动能

$$T = \frac{1}{2} M \dot{x}^2 + \frac{1}{6} M l^2 \dot{\theta}^2$$

势能

$$U = \frac{1}{2} k \left(l' + x - l_0 \right)^2 - \frac{1}{2} k \left(l' - l_0 \right)^2 + Mg \frac{l}{2} - Mg \left(\frac{l}{2} \cos\theta + x \right)$$

$$\approx \frac{1}{2}kx^2 + \frac{Mg}{4}l\theta^2$$

从 U 与 T 比值看出:在 x 自由度振动频率

$$\omega^2 = \frac{k}{M}$$

在 θ 自由度振动频率

$$\omega^2 = \frac{\dfrac{Mg}{4}l}{\dfrac{1}{6}Ml^2} = \frac{3g}{2l}$$

这是两个自由度耦合的振动。

例 6.12 如图 6.12 所示,倒置摆杆长为 l,摆球质量 m,在离轴 l_1 处系一根弹簧,求小振动频率。

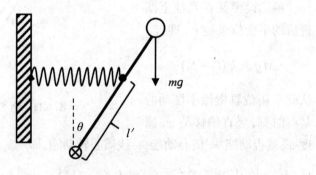

图 6.12 例 6.12 图(一)

解 弹簧力为 $kl_1\sin\theta$,产生绕摆轴的力矩是 $-kl_1^2\sin\theta$,与摆球重力矩方向相反,摆振动方程为

$$ml^2\ddot{\theta} = -kl_1^2\sin\theta + mgl\sin\theta$$

小振动频率是

$$\omega = \sqrt{\frac{kl_1^2 - mgl}{ml^2}} = \sqrt{\frac{kl_1^2}{ml^2} - \frac{g}{l}}$$

我们再一次看到等效弹簧系数 $\dfrac{kl_1^2}{l^2}$ 的出现,此概念常用于力并不直接作用于弹簧的情形。

思考　如图 6.13 所示,图中均匀杆作为摆,长为 l,质量为 m,杆的一端系一水平轻弹簧,求微小摆–振频率。

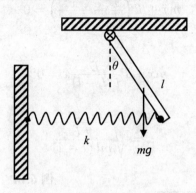

图 6.13　例 6.12 图（二）

解　弹簧力

$$F = k\Delta x \qquad (\Delta x = l\theta)$$

摆动力矩方程是

$$I\ddot{\theta} + \left(kl + \frac{mg}{2}\right) l\theta = 0$$

因此

$$\omega = \sqrt{\frac{\left(kl + \dfrac{mg}{2}\right) l}{\dfrac{ml^2}{3}}}$$

$ml^2/3$ 是此摆的转动惯量。

例 6.13　掌握了弹簧振动和单摆摆动,就可研究弦上一个小珠子的振动,如图 6.14 所示,两头固定的水平弦,长为 L,质量为 m 的小珠子离右侧墙距离为 l,拨动它后在竖直方向离开平衡位置是小位移 x,$x \ll l$,$x \ll L - l$,弦上张力是 T,求小珠子随后的振动频率。

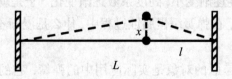

图 6.14　例 6.13 图

解 x 比 l 小很多,小珠子近似受力

$$m\ddot{x} + T\left(\frac{x}{l} + \frac{x}{L-l}\right) = 0$$

即

$$m\ddot{x} + T\frac{L}{l(L-l)}x = 0$$

故有

$$\omega = \sqrt{\frac{TL}{ml(L-l)}}$$

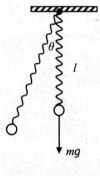

图 6.15 例 6.14 图

例 6.14 弹簧摆。

解 如图 6.15 所示,摆球质量是 m,把摆线换成一根原长为 l 的轻弹簧,球从平衡位置开始以小角度摆时,弹簧一边伸长,从倒置摆题的分析,我们立刻可以得到这两个自由度的振动频率分别为 $\sqrt{\dfrac{g}{\dfrac{mg}{k}+l}}$ 和 $\sqrt{\dfrac{k}{m}}$。

6.5 有质量弹簧受腐蚀的物理问题

这里出一个有简明答案的新的物理题。

例 6.15 现实生活中充满风雨,有质量弹簧在空气和雨水浸蚀下缓慢腐蚀,刚度逐渐变小,劲度系数逐渐变化。于是就产生了一个有趣的物理问题。在弹簧缓慢腐蚀过程中,什么是浸渐不变量(或称为绝热不变量)?

解 既然考虑的对象是实际应用中的弹簧,它的质量便不可忽略。如图 6.16 所示,设弹簧的原始质量为 m,原长为 l,一头固定在 O 点,当弹簧另一端被拉长 x,速度 $\dot{x}$,离开 O 点 y 处的一小段 $\mathrm{d}y$ 被拉

长 $\frac{y}{l}x$, 弹簧的动能是

$$\frac{1}{2}\int_0^l \frac{m}{l}\left(\frac{y}{l}\dot{x}\right)^2 \mathrm{d}y = \frac{1}{2}\cdot\frac{m}{3}\dot{x}^2$$

设挂在弹簧上的振子质量为 M, 仿佛振子质量增加了

$$M' = M + \frac{m}{3}$$

其振动频率比起轻弹簧的要减小, 我们可以称 M' 为 "表观质量"。频率 $\sqrt{\frac{k}{M'}} = \omega'$, 系统能量为

$$E = \frac{1}{2}kx^2 + \frac{p^2}{2M'}$$

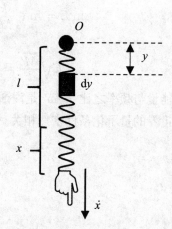

图 6.16　例 6.15 图

腐蚀不但使得弹簧刚度 k 变小, 也使得弹簧质量变小, 缓慢腐蚀引起的能量改变是

$$\delta E = \frac{x^2}{2}\delta k + \frac{p^2}{2}\delta\frac{1}{M'} = \frac{kx^2}{2}\cdot\frac{\delta k}{k} - \frac{p^2}{2}\cdot\frac{1}{M'^2}\delta M'$$

上式在平均意义下也成立。注意到平均势能与平均动能各占总能量的一半, 所以有

$$\delta\bar{E} = \frac{\bar{E}}{2}\left(\frac{\delta k}{k} - \frac{\delta M'}{M'}\right)$$

鉴于

$$\begin{aligned}
\frac{1}{2}\left(\frac{\delta k}{k} - \frac{\delta M'}{M'}\right) &= \frac{1}{2\frac{k}{M'}}\left(\frac{\delta k}{M'} - k\frac{\delta M'}{M'^2}\right) \\
&= \frac{1}{\sqrt{\frac{k}{M'}}}\cdot\frac{1}{2\sqrt{\frac{k}{M'}}}\delta\left(\frac{k}{M'}\right) \\
&= \frac{1}{\sqrt{\frac{k}{M'}}}\delta\left(\sqrt{\frac{k}{M'}}\right)
\end{aligned}$$

所以

$$\delta \bar{E} = \bar{E} \frac{1}{\sqrt{\frac{k}{M'}}} \delta \sqrt{\frac{k}{M'}}$$

积分得到

$$\ln \bar{E} = \ln \sqrt{\frac{k}{M'}} = -\ln \sqrt{\frac{M'}{k}}$$

于是

$$\bar{E} \sqrt{\frac{M'}{k}} = \frac{\bar{E}}{\omega'} = \mathrm{const}$$

说明能量与频率之比 $\bar{E}/\omega'$ 是浸渐不变量。浸渐不变量与以后发现的量子世界的量子化条件密切相关。

第7章 注意靠数学建立新心像

最近,看到某本讨论量子与心智的图书的广告,它是讨论量子力学和意识的关系,这是哲学家所津津乐道的。但是,量子力学的创始人之一狄拉克却对此表示冷漠,当有人给他介绍量子论的哲学流派时,他问:"这些观点有方程支撑吗?"

笔者研究量子力学、量子光学和量子统计物理历五十年,深深体会到狄拉克的意思是"如果没有在量子数理基础上摸爬滚打的历练,去讨论量子与心智的关系是侈谈,是空穴来风的'嘁嘁'。"因为精妙的数学本身是理解量子力学的语言。一个人如果没有经过扎实的数学训练,其心智还不足以理解量子力学,却要充当权威面对大众宣讲量子力学的哲学,岂不可笑? 事实上,哪个流派有理、有生命力,就看它的数学内涵是否丰富与精美。一门科学只有当它能够翻手为云,覆手为雨地运用数学时,才算真正发展了。例如,量子力学直到有中国人发明了有序算符内的积分理论才臻于完美。

物理学家研究问题如在水上行舟,掌舵靠物理思想,划桨是数学推导。物理学家在直觉的引领下演算数学,深入的数学又揭示新物理。爱因斯坦在 1933 年说:"创造性原理存在于数学之中。"在 1946 年写的《自述》一文中,爱因斯坦又写道:"通向更深入基础知识的道路同时是与最隐秘的数学方法联系着的。只是在几年独立的科学研究工作之后,我才逐渐明白了这一点。" 例如,他曾误认为闵可夫斯基把四维时空引入狭义相对论没有必要甚至觉得把此理论写成张量形式简直就是画蛇添足。后来他才意识到闵可夫斯基的做法促成狭义相对论推广为广义相对论。所以他评价闵可夫斯基时空论时说:"这是狭义相对论最坚实的数理基础,没有他的狭义相对论,(广义相对论)只能是个长不大的婴儿。"

但是物理学家心目中的数学有其特点,他们并没有"犯了数学错误就是愚蠢"的感觉,因为在物理科学的发展中,一个概念从来不会是一出现就是完美的。物理诺贝尔奖牌得主费曼曾说:"……奇怪的是,这些数学的心像往往比以实体事物当模子想出的心像更与实体接近些。"

对于理解物理概念来说数学推导是至关重要的,它可以帮助建立新心像,或使得原来的心像更加清晰。例如,傅里叶分析将复杂的图形分解为谐波的某种叠加。所以数学物理是理论物理学家的基本功。理论物理学家还要根据需要自己创造新数学,例如,笔者发明了有序算符内的积分理论,使得现行量子力学得以在一个新方向发展,可进一步提出纠缠傅里叶变换。

理论物理发展史上有因果互换的例子。例如,拉格朗日和哈密顿将牛顿力学公式上升到分析力学,推导出了正则方程,在这里牛顿力学公式是因,正则方程是果。人们也可以从分析力学推出牛顿公式,使得因果互换。研究理论物理,有时需要这种思维模式。下面这个例子就是从分析力学推出牛顿公式。

例 7.1 如图 7.1 所示,均匀杆长为 l,质量为 m,一头悬一重物质量为 M,绕轴 O 转动,轴在离杆的这一头的 $\frac{2l}{3}$ 处,另一头系一弹簧,求振动频率。

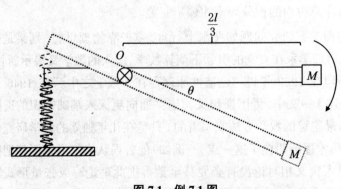

图 7.1　例 7.1 图

解　设重物 M 下降使得杆转了 θ 角,重物获得动能 $\frac{1}{2}M\left(\frac{2}{3}l\dot{\theta}\right)^2$,

使得弹簧拉长有势能

$$U = \frac{1}{2} k \left(\frac{l}{3} \theta \right)^2$$

杆的质心离轴 O 的距离为 $\frac{2l}{3} - \frac{l}{2} = \frac{l}{6}$，质心绕轴的动能为 $\frac{1}{2} m \left(\frac{1}{6} l\dot{\theta} \right)^2$，杆绕质心的转动能为

$$\frac{1}{2} I_c \dot{\theta}^2 = \frac{1}{2} \left(\frac{1}{12} ml^2 \right) \dot{\theta}^2$$

分析力学关注系统总动能

$$\frac{1}{2} \left(\frac{1}{12} ml^2 \right) \dot{\theta}^2 + \frac{1}{2} m \left(\frac{1}{6} l\dot{\theta} \right)^2 + \frac{1}{2} M \left(\frac{2}{3} l\dot{\theta} \right)^2$$
$$= \frac{l^2}{18} (m + 4M) \dot{\theta}^2 \equiv T$$

物理思想是总能量 $E = U + T$ 不变，数学推导为

$$\frac{\mathrm{d}}{\mathrm{d}t} E = 0$$

即

$$\frac{l^2}{9} (m + 4M) \ddot{\theta} + k \frac{l^2}{9} \theta = 0$$

这就是牛顿公式，故振动频率是

$$\omega = \sqrt{\frac{k}{m + 4M}}$$

数学物理方法不应该被视为只是一个摆动于数学和物理之间的"单摆"，时而摆向数学，时而又趋近物理，而应体现数学和物理的水乳交融。

数学家创造了令他们自矜的游戏规则，有些公理与逻辑足以使我们神迷目眩。不少数学家都是有天赋的人，我们大多搞数学物理的即使数学再好，也难望其项背。但是，数学家很少能自觉形成物理心像的，就连希尔伯特那样的大数学家还专门雇了一个学物理的当助手。于是物理学家自己创造数学，从物理要求与物理概念出发架构数学并深入推导，在数学推导中提炼方法，又能峰回路转到物理心像，便利读者在熟悉数学公式中把握物理。实现"物理心像—数学推导物理公式—物理涵义解读"的三步走。这种最高境界的推导是在脑中演绎，"寻之无端，出之无迹"。

例如,狄拉克根据物理心像(能描写一根无穷长弦上的一个点粒子)构造了 Delta 函数(δ 函数),到了量子力学发展为测量粒子坐标发现其恰好在 x 位置,这表示为 $\delta(x-X)$,X 是坐标算符,于是测量坐标算符 $|x\rangle\langle x| = \delta(x-X)$。本书作者曾用 Delta 算符函数表示了不生不灭的心像,直接给出了真空场的表达式

$$|0\rangle\langle 0| = \delta(a)\delta(a^{\dagger})$$

这里的 a 是湮灭算符,$a^{\dagger}$ 是产生算符,产生一个粒子后就湮灭它,剩下真空。所以要学会从数学式子读出物理心像。真空场 $|0\rangle\langle 0|$ 的另一心像是 0^N,$N = a^{\dagger}a$,或

$$0^N = (1-1)^N = \sum_{m=0}^{\infty} \frac{(-1)^m}{m!} N(N-1)\cdots(N-m+1)$$

这意味着真空中有起伏。可以证明

$$N(N-1)(N-2)\cdots(N-m+1) = a^{\dagger m}a^m$$

所以

$$|0\rangle\langle 0| = \sum_{m=0}^{\infty} \frac{(-1)^m}{m!} a^{\dagger m}a^m =: e^{-a^{\dagger}a}:$$

这里 $::$ 代表正规排列,$a^{\dagger}$ 排在 a 之左。

物理学家自己创造数学,"物观无方,因人而异",本书作者就自个儿创造了有序算符内的积分技术,使得牛顿-莱布尼兹积分能够用于狄拉克符号。这个理论是数学家想不出来的,因为他们缺少量子力学知识,也没有这个需求。

7.1 从物理观念出发建立简约的方程:酝酿新心像

在平面极坐标系,单单用微商就能给出科里奥赖加速度,这就是数学的功能。从极坐标单位矢量 $\hat{r}(\theta)$、$\hat{\theta}(\theta)$ 的意义可知这两者是正交

的,其方向时刻在变化,故而 $\hat{r}$ 之变的方向在 $\hat{\theta}$,$\hat{\theta}$ 之变的方向在 $-\hat{r}$,即

$$\frac{\mathrm{d}}{\mathrm{d}t}\hat{r} = \dot{\theta}\hat{\theta}$$

$$\frac{\mathrm{d}}{\mathrm{d}t}\hat{\theta} = -\dot{\theta}\hat{r}$$

于是速度是

$$\boldsymbol{v} = \frac{\mathrm{d}}{\mathrm{d}t}(r\hat{r}) = \dot{r}\hat{r} + r\dot{\theta}\hat{\theta}$$

速度的变化是

$$\boldsymbol{a} = \frac{\mathrm{d}}{\mathrm{d}t}\left(\dot{r}\hat{r} + r\dot{\theta}\hat{\theta}\right) = \ddot{r}\hat{r} + \dot{r}\frac{\mathrm{d}}{\mathrm{d}t}\hat{r} + \dot{r}\dot{\theta}\hat{\theta} + r\ddot{\theta}\hat{\theta} + r\dot{\theta}\frac{\mathrm{d}}{\mathrm{d}t}\hat{\theta}$$

$$= \ddot{r}\hat{r} + 2\dot{r}\dot{\theta}\hat{\theta} + r\ddot{\theta}\hat{\theta} - r\dot{\theta}^2\hat{r}$$

$$= \left(\ddot{r} - r\dot{\theta}^2\right)\hat{r} + \left(r\ddot{\theta} + 2\dot{r}\dot{\theta}\right)\hat{\theta}$$

如只有相应的牛顿力 $F(r)\hat{r}$,则在极坐标中

$$m\left(\ddot{r} - r\dot{\theta}^2\right) = F(r)$$

$$m\left(r\ddot{\theta} + 2\dot{r}\dot{\theta}\right) = m\frac{1}{r}\cdot\frac{\mathrm{d}}{\mathrm{d}t}\left(r^2\dot{\theta}\right) = 0$$

$r^2\dot{\theta}$ 是常数。

若 $\ddot{\theta} = 0, 2\dot{r}\dot{\theta}\hat{\theta}$ 是科里奥赖加速度,沿 $\hat{\theta}$ 方向。在与地球赤道成 β 角的纬度 A 处,地心是 O,地球自转速度是 Ω,Ω 在 OA 上的分量是 $\Omega\sin\beta$,当地表面(切面)上的风速度是 $\boldsymbol{v}$ 时,科里奥赖力是

$$-2\Omega \times \boldsymbol{v} = \Omega v\sin\beta$$

这里用了矢量的叉乘。适当的引入数学符号也是一门艺术,可见数学演推可以酝酿新心像。

1851 年,傅科在巴黎为了打发寂寞,寄闲情于运动摆,用 40 英尺(69 m)的长绳子挂一重锤(28 kg)于天花板,地上画一个有角度刻度的圆圈,重锤对准圆心,重锤的悬点的装置能保证它在任何方向上做同样自由地摆动,摆幅度小于 5°。傅科经常望着重锤摆来摆去,周期约为 16.7 s,观察摆动的平面从 1°~181° 再到 2°~182° 的变化,来检验重锤下的地球的自转。

理论分析如下：一个傅科摆摆球在地表面（切面）以极坐标 $\hat{r},\hat{\theta}$ 表示，$v=r\dot{\theta}\hat{\theta}$，水平方向科里奥赖力是

$$F=-2m\Omega\sin\beta\dot{r}\hat{\theta}$$

在 $\hat{\theta}$ 方向加速度是 $r\ddot{\theta}+2\dot{r}\dot{\theta}$，则

$$-2m\Omega\sin\beta\dot{r}\hat{\theta}=m\left(r\ddot{\theta}+2\dot{r}\dot{\theta}\right)\hat{\theta}$$

即

$$r\ddot{\theta}+2\dot{r}\dot{\theta}=-2\Omega\sin\beta\dot{r}$$

当 $\ddot{\theta}=0$ 时，有

$$\dot{\theta}=-\Omega\sin\beta$$

傅科摆摆面发生进动，周期

$$T=\frac{2\pi}{\dot{\theta}}=\frac{2\pi}{\Omega\sin\beta}=\frac{24\ \text{h}}{\sin\beta}$$

若纬度 $\beta=40°$，$T=32\ \text{h}$。

试举一简单的例子说明科里奥赖力是 $2mv\omega$。

例 7.2　如图 7.2 所示，长 l 的一线系于以 ω 转动的圆盘的中心点上，其另一端系一球 m，球以相反方向相对盘以初速度 u 转动，求线上张力。

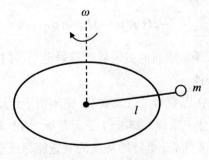

图 7.2　例 7.2 图

解　张力为

$$T = ma_{球-地}$$

球在 $\hat{\theta}$ 方向的速度

$$v_{球-地} = u - l\omega$$

$$a_{球-地} = \frac{v_{球-地}^2}{l} = \frac{(u - l\omega)^2}{l} = \frac{u^2}{l} + l\omega^2 - 2u\omega$$

而 $2mu\omega$ 即为科里奥赖力与 $2u\omega$ 比例。

在盘上的人看来，球 m 受到两个惯性力，其中 $-ml\omega^2$ 是惯性离心力，$2mu\omega$ 是科里奥赖力。线上张力与惯性力的合力为向心力，故

$$T + m\left(2u\omega - l\omega^2\right) = m\frac{u^2}{l}$$

所以

$$T = m\frac{u^2}{l} + m\left(l\omega^2 - 2u\omega\right)$$

推广思考：

把一个单摆的摆绳换为一个轻弹簧，弹簧原长 l_0，偏离竖直线 θ 角（图 7.3）。

摆球坐标 (r, θ)，同时参与转动与径向运动，两者之间不正交，故存在科里奥赖力，转动方程是

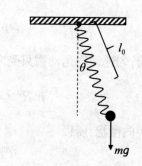

图 7.3　将摆绳换为轻弹簧的单摆

$$mr^2\ddot{\theta} + 2m\dot{r}\left(r\dot{\theta}\right) + mgr\sin\theta = 0$$

$2m\dot{r}\left(r\dot{\theta}\right)$ 就是科里奥赖力，径向方程是

$$m\ddot{r} - mr\dot{\theta}^2 - mg\cos\theta + k\left(r - l_0\right) = 0$$

例 7.3　如图 7.4 所示，一根轻弹簧系一质量为 m 的物体做半径为 R 的匀速圆周运动，角速度是 ω，求受径向微扰后，弹簧的振动频率。

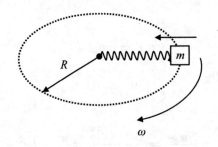

图 7.4 例 7.3 图

解 参考上题，m 物体受径向微扰后，上题中的两个方程退化为

$$m\ddot{r} - mr\dot{\theta}^2 = -k\left(r - l_0\right)$$

这是径向。

角向方程

$$mr\ddot{\theta} + 2m\dot{r}\dot{\theta} = 0$$

即

$$r^2\dot{\theta} = 常数$$

受微扰前，匀速圆周运动物只受向心力：

$$mR^2\omega = k\left(R - l_0\right)$$

因为是径向微扰，所以

$$R^2\omega = r^2\theta$$

令 r' 是径向偏移，$r' \ll R$，则

$$r' = r - R$$

径向方程以 r' 表示为

$$\ddot{r}' - \frac{\left(R^2\omega\right)^2}{\left(r' + R\right)^3} = -\frac{k}{m}\left(r' + R - l_0\right)$$

$r' \ll R$，则

$$\left(r' + R\right)^{-3} \approx R^3\left(1 - \frac{3r'}{R}\right)$$

故

$$\ddot{r}' - R^2\omega\left(1 - \frac{3r'}{R}\right) = -\frac{k}{m}\left(r' + R - l_0\right)$$

其中，$R^2\omega$，$-\dfrac{k}{m}\left(R - l_0\right)$ 都是常数，故上式约化为

$$\ddot{r}' + \left(3\omega^2 + \frac{k}{m}\right)r' = 0$$

所以受径向微扰后，弹簧的振动频率为

$$\sqrt{3\omega^2 + \frac{k}{m}}$$

例 7.4　再与圆锥摆比较，如图 7.5 所示，依靠弹簧 k 系在一个真实圆锥顶端的物体 m，圆锥角是 θ，弹簧原长 l_0，形成圆锥摆，求恰使得物体离开锥面时的角速度 ω_0？弹簧伸长 Δl？

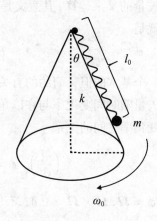

图 7.5　例 7.4 图

解　摆球同时参与转动与径向运动，但两者之间正交，故不存在科里奥赖力，令 F 是锥面反作用力，T 是弹簧张力，在平行锥面方向

$$T\cos\theta + F\sin\theta = mg$$

在垂直锥面方向

$$T\sin\theta - F\cos\theta = m\omega^2 l\cos\theta$$

鉴于 $l = l_0 + \Delta l$，$T = k\left(l - l_0\right)$，故物体恰离开锥面时，$F = 0$，角速度为

$$\omega_0 = \sqrt{\frac{kg}{kl\cos\theta + mg}}$$

弹簧伸长

$$\Delta l = \frac{mg}{k\cos\theta}$$

思考   河流为什么总是蜿蜒伸展的?

创立一个新方法,应该立足于新观点,而且数学推导气势要足,如春空之云,舒展无迹。而要做到这一点,就必须言理足,表意足。理足则物性自现,意足则话语蕴藉,从而通篇内容生动,体现性灵。

7.2   引入新的数学运算规则精细化物理概念

可以进一步理解科里奥赖力。在转动坐标系中的物理学,就要引入矢量的叉乘运算,其意义是 A, B 两个矢量的夹角是 α,叉乘的意思就是

$$A \times B = |A||B|\sin\alpha$$

有一个基本的但又简约的有关转动矢量变化率的公式。确定惯性系中的矢量随时间变化率与在以角速度 Ω 转动的非惯性系中的矢量随时间变化率之间的关系

$$\left(\frac{\mathrm{d}}{\mathrm{d}t}\right)_{惯}\phi = \left(\frac{\mathrm{d}}{\mathrm{d}t}\right)_{转}\phi + \Omega \times \phi$$

当 $\phi = \Omega$, $\Omega \times \Omega = 0$ 时,有

$$\left(\frac{\mathrm{d}}{\mathrm{d}t}\right)_{惯}\Omega = \left(\frac{d}{dt}\right)_{转}\Omega$$

当不在转动坐标系中时

$$\left(\frac{\mathrm{d}}{\mathrm{d}t}\right)_{惯}\phi = \Omega \times \phi$$

表明矢量 ϕ 本身绕轴 n 转动的变化率与角速度的关系。此公式的说明见图 7.6,例如有矢量 A 随转动而牵连变化,从几何上看

$$\mathrm{d}A = A(t+\Delta t) - A(t) = \Omega \Delta t \times A = (\Omega \times A)\Delta t$$

若 A 本身还有变化 $\left(\frac{\mathrm{d}}{\mathrm{d}t}\right)_{转}A$,则在惯性系看

$$\left(\frac{\mathrm{d}}{\mathrm{d}t}\right)_{惯}A = \left(\frac{\mathrm{d}}{\mathrm{d}t}\right)_{转}A + \Omega \times A$$

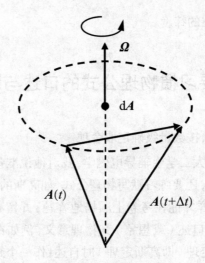

图 7.6　矢量绕轴转动

由此容易推出速度

$$\left(\frac{\mathrm{d}}{\mathrm{d}t}\right)_{惯} \boldsymbol{r} = \left(\frac{\mathrm{d}}{\mathrm{d}t}\right)_{转} \boldsymbol{r} + \boldsymbol{\Omega} \times \boldsymbol{r}$$

即

$$\boldsymbol{v}_{惯} = \boldsymbol{v}_{转} + \boldsymbol{\Omega} \times \boldsymbol{r}$$

和加速度

$$\begin{aligned}
\left(\frac{\mathrm{d}}{\mathrm{d}t}\right)_{惯} \boldsymbol{v}_{惯} &= \left(\frac{\mathrm{d}}{\mathrm{d}t}\right)_{转} \boldsymbol{v}_{惯} + \boldsymbol{\Omega} \times \boldsymbol{v}_{惯} \\
&= \left[\left(\frac{\mathrm{d}}{\mathrm{d}t}\right)_{转} + \boldsymbol{\Omega} \times \right](\boldsymbol{v}_{转} + \boldsymbol{\Omega} \times \boldsymbol{r}) \\
&= \left(\frac{\mathrm{d}}{\mathrm{d}t} \boldsymbol{v}_{转}\right)_{转} + 2\boldsymbol{\Omega} \times \boldsymbol{v}_{转} + \boldsymbol{\Omega} \times (\boldsymbol{\Omega} \times \boldsymbol{r})
\end{aligned}$$

即

$$a_{转} = a_{惯} - 2\boldsymbol{\Omega} \times \boldsymbol{v}_{转} - \boldsymbol{\Omega} \times (\boldsymbol{\Omega} \times \boldsymbol{r})$$

式中，$-m\boldsymbol{\Omega} \times (\boldsymbol{\Omega} \times \boldsymbol{r})$ 是向心力，$-2\boldsymbol{\Omega} \times \boldsymbol{v}_{转}$ 是科里奥赖力，其一半源自于径向速度方向的变化 $\left(\frac{\mathrm{d}}{\mathrm{d}t}\right)_{转} \boldsymbol{v}_{转}$，而另外一半来源自于横向速率的变化。

在地球上的物体速度是 $\boldsymbol{v}_{转}$，$\boldsymbol{\Omega}$ 是地球自转角速度

$$-2\boldsymbol{\Omega} \times \boldsymbol{v}_{转} = -2|\boldsymbol{\Omega}||\boldsymbol{v}_{转}|\sin\alpha$$

式中，α 是物体所在的纬度。

7.3　要习惯物理公式的口述与默写

简化数学推导，按数量级确定取舍项。

前不久为一名大二学生辅导电磁学，我对他说准备考试光用心去理解和记忆还不够，还要练习默写物理公式，如高斯的电通量公式、安培环路公式等，这样才能在考卷上顺畅地答题，并留有时间思考。最好是一边默写一边口述（或想象）其物理意义，例如在默写奥斯特罗格拉德斯基–高斯定理（即高斯定理）时自述：作一个封闭球面将穿出的电位移矢量都收拢在一起（积分），拢在一起的量肯定与球面所包含的全部电量成比例；而在默写安培环路公式时可以想象一根电流像一条蛇那样从一个圆环中窜出，环上的"气场"与流强成比例。学生时期的默写公式也是为将来写研究论文练基本功，所谓"拳不离手，曲不离口"。我的老师阮图南教授推导公式淋漓酣畅，行云流水，字字珠玑，就是得益于他常常地默写公式的习惯。

笔者在默写公式时，偶尔会妙笔生花，能于不急煞处转出别意来，此时突然一个念头袭来，一个移项、一个配方、两个公式一比较等小技，都可能得到意想不到的效果，化境顿生。例如，笔者在默写海森伯方程时，忽然将它与薛定谔算符比较，就想出了不变本征算符理论（已成专著），这将为求某些周期量子系统的能级带来方便。默写时，要释烦心，涤襟怀，才有可能忽有妙会。

清代学问家曾国藩说读书与看书不同，"看者攻城拓地，读者如守土防隘，两者截然两事，不可阙，亦不可混。"他是把看书作为汲取与扩充知识范围，需用心去领会，而读书只是为了防止遗忘，读的功能仅在于背书了。然而，当我们用自己的领会来复述（复读）时，那就有更上一层楼，将知识尽收眼底的视野了。

例7.5　如图 7.7 所示，一纵深均匀的容器装满水，底部有一洞口，水从洞口流出而水面下降。问此容器的形状应该是什么，可使得水面下降的速度为不变？

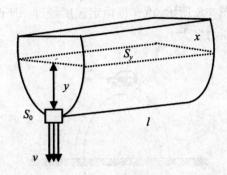

图 7.7　例 7.5 图

解　设水面下降的不变速度是 v_0,洞口面积是 S_0,在离洞口 y m 处的水面面积是 S_y,洞口处流速是 v,则有

$$mgy = \frac{1}{2}mv^2$$

故

$$v = \sqrt{2gy}$$

v 随 y 变化。因流量守恒,前后相应

$$S_0 \cdot v = S_y \cdot v_0$$
$$S_y = S_0 \cdot \frac{\sqrt{2gy}}{v_0}$$

设离洞口 y 米处剖面的宽是 x 米,容器纵深是 l 米,

$$S_y = lx$$

故

$$lx = S_0 \cdot \frac{\sqrt{2gy}}{v_0}$$
$$x^2 = Cy$$

故是抛物线。v 随 y 变化,但 x 也随 y 变化,故能保持水面下降的速度不变。

此题我们通过数学推导得到心像,知道了该容器的形状。

再看一例。

例 7.6　如图 7.8 所示,汽车以恒定速度经过一座凸形桥面,在其顶上时,桥受的压力多大?

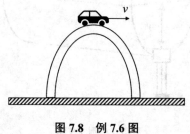

图 7.8　例 7.6 图

解　设桥面是一开口向下的抛物线,坐标原点就取在桥顶,有抛物线轨迹方程

$$y = \lambda x^2$$
$$\dot{y} = 2\lambda x \dot{x}$$
$$\ddot{y} = 2\lambda(\dot{x}^2 + x\ddot{x})$$

在原点处,$x = 0$,故而 $\ddot{y} = 2\lambda \dot{x}^2$,桥受的压力是 N,则

$$mg - N = m\ddot{y}$$
$$N = mg - 2\lambda v^2$$

7.4　从心像建立象形数学符号

狄拉克为何说他发明的量子力学符号法是永垂不朽的?

狄拉克在晚年曾深情地说了如下意思的话——符号法是他的挚爱(Darling),拿什么都不换,符号法是永垂不朽的。

那么,此话是否言过其实呢?

非也,单先从所花的时间来衡量。狄拉克说他搞出电子的相对论方程则没费太多时间。但 1926 年狄拉克被玻尔召到哥本哈根,针对量子力学缺乏能表现其本质的数学符号,花了一年时间才发明了由 ket-bra 符号组成的体系——符号法。

从背景而言,符号法是在总结海森伯矩阵力学和薛定谔方程的基础上应运而生的成果。

当然,我们更重要的是需从符号法在量子力学的功能来分析。狄拉克的符号的最大优点是既能表达态矢量,又能表达引起态跃迁的算符。而态矢量是狄拉克从波函数抽象出来的,这样就有了态矢量空间,也出现了表象。具体说,将系统状态的波函数(薛定谔首先建立波动方程,其解称为波函数)看成在抽象空间中的态矢量 $|\psi\rangle$, ket(右矢),在 bra(左矢)上的投影:

$$\psi(x) = \langle x|\psi\rangle$$

这一分解抽象出 $\langle x|$,其集合构成坐标表象(不是哲学意义上的,在哲学范畴,表象是事物不在眼前时,人们在头脑中出现的关于事物的形象;从信息加工的角度来讲,表象是指当前不存在的物体或事件的一种知识表征,这种表征具有鲜明的形象性)。在力学量(算符)的自身表象中,算符表现为普通数,例如坐标算符 X 在自身表象中表达为

$$X|x\rangle = x|x\rangle$$

自狄拉克做出这份贡献以后,量子力学里态和力学量成为表象(representation)的具体表述方式,力学量的本征表象是指可以将算符用数来明确表示的“框架”。例如,在坐标表象中,体系的状态是以坐标的函数(波函数)来描写的,力学量则是以作用在这种波函数上的运算(如微分运算)来表示的。各种表示之间的等价变换则称之为表象变换,这些变换有的可以用幺正变换来联系,有的则不能。而有资格称为表象的是其必须具备完备性。

狄拉克符号的另一特点是把算符写成 $|A\rangle\langle B|$ 的形式,当 $A = B$ 时,$|A\rangle\langle A|$ 称为纯态。物理大师玻尔说:“在量子力学形式体系中,通常用来定义物理体系的状态的那些物理量,被换成了一些符号性的算符,这些算符服从着和普朗克恒量有关的非对易算法。”

狄拉克符号的另一强大功能是可以充分利用表象的完备性作各种变换,表象变换不但能体现德布罗意波–粒二象性,还对实验有预期的指导意义。

　　玻尔的量子态之间的跃迁理论表明在量子论中不但要有态的记号,还要有表达从一个态到另一个态变换的运算(算符)的记号以及表达算符。狄拉克发明的符号法可以一揽子兼顾这些表示,所以海森伯对此很是欣赏,然而因为兼容并包,符号法也比较抽象,所以即便是爱因斯坦看狄拉克的文章也感到头痛,有在黑暗中摸索的感觉。

　　一般以为,狄拉克符号的引进只是为了方便,它不过是波函数的一种表达形式。如今国际上大多数流行的量子力学教材在介绍它的时候,只是一笔带过,至多也只限于坐标表象的完备性表述,说它是在全空间找到粒子概率为 1 的要求。有一些关于量子力学的专著甚至把波函数 $\psi(x)$ 混淆为态矢量。长久以来,这造成了不少学生对量子力学浅尝辄止的局面,只会说一些量子力学的词汇,而对有关狄拉克符号的计算则望而生畏。

　　狄拉克本人在教授量子力学课的时候坚持用《量子力学原理》做教材,即便是听课学生从开始的几十个锐减到学期结束时的 4 个,他还坚持说这教材是最好的。然而,有的学生尽管听不懂,还是为一生中能有机会聆听狄拉克的演讲而自豪。

　　我认为狄拉克符号的功能是:

　　(1)能把波函数表示为态矢量在某个表象中的投影,例如

$$\psi(x) = \langle x | \psi \rangle$$

　　(2)能以 $|\rangle\langle|$ 表达算符,既能表述纯态算符,也能表达混合态算符;

　　(3)能表达跃迁 $\langle|A|\rangle$;

　　(4)更能联系经典变换(例如,x 变为 x/b)与相应的量子算符,即积分 $|x/b\rangle\langle x|\mathrm{d}x$,于是就有了对狄拉克符号积分的新领域;

　　(5)对应谐振子基态波函数,定义基矢量 $|0\rangle$,就有了真空投影算符 $|0\rangle\langle 0|$,就可以进一步用产生算符和湮灭算符表达之,于是整个量子力学就更加气韵生动了;

　　(6)在狄拉克符号的基础上,就可以发展算符积分学、表象论、算符排序学等等,也就有了可以续写后半部量子论的说法,量子光学和量子统计学也得以扎实发展。

所以,英国天体物理学家霍金说,海森伯和薛定谔各自看到了量子力学的曙光,而狄拉克则看到了全貌。

符号法的引入符合爱因斯坦的研究信条:"人类的头脑必须独立地构思形式,然后我们才能在事物中找到形式。"

初学量子力学的人要先了解量子力学的用语,即狄拉克符号,如果学生们一开始就能以狄拉克符号为其思想之表象,不必处处"译"成函数,并且学会本书作者发明的有序算符内的积分理论,那么就容易熟悉量子论的用语和表象变换("常识"),学到一个系统,从而习惯量子力学,较自然地接受量子论,正所谓"习惯成自然"。

7.5　物理心像靠数学维系

牢固的物理心像靠数学维系。例如,物理学家玻恩为量子力学的薛定谔方程的波函数解找到了一种新的解释:在空间任何一个点上的波动强度——数学上通过波函数的模的平方来表达——是在这一点碰到粒子的概率的大小。但这不能使得爱因斯坦相信。

范洪义想到了一个也许能说服爱因斯坦的途径,即是把粒子坐标的测量算符改写为概率论中的正态分布标准形式

$$|x\rangle \langle x| = \frac{1}{\sqrt{\pi}} : \exp\left[-(x - X)^2\right] :$$

这里 : : 代表算符的正规排列。这样一来,波函数的模的平方的物理意义就有了牢靠的数学支撑。

类似地,动量测量算符

$$|p\rangle \langle p| = \frac{1}{\sqrt{\pi}} : e^{-(p - P)^2} :$$

与上式结合可引入

$$\frac{1}{\pi} : e^{-(x - X)^2 - (p - P)^2} :$$

这恰是相空间中的 Wigner 算符,对应准几率分布。

第8章 守恒定理是首选的相对稳固的心像

守恒定理是物理学的规矩,要知道规矩是如何定下的,因规以成圆,以矩以成方。圆活善用,如转枢机。

8.1 过程中不变的东西是先入为主的心像

笔者想起昔日读过的苏轼的《书李伯时山庄图后》这篇短文,现录于此:

"或曰:龙眠居士作《山庄图》,使后来入山者信足而行,自得道路,如见所梦,如悟前世;见山中泉石草木,不问而知其名;遇山中渔樵隐逸,不名而识其人。此岂强记不忘者乎?

曰:非也。画日者常疑饼,非忘日也。醉中不以鼻饮,梦中不以趾捉,天机之所合,不强而自记也。居士之在山也,不留于一物,故其神与万物交,其智与百工通。虽然,有道有艺。有道而不艺,则物虽形于心,不形于手。吾尝见居士作华严相,皆以意造而与佛合。佛菩萨言之,居士画之,若出一人,况自画其所见者乎!"

第一段的译文:有人说:龙眠居士画一幅山庄图,是教后来上山的人,可以信步走去,便能够知道路,好像曾经做梦看见过的一般,又像是在前世经历过的回忆中;见了山上的泉石草木,不必查问,便可知道它的名目;见了山里渔樵隐逸的人,不必问他姓名,就可认识他们的。难道画家都能把诸物勉强记在心里而不忘掉么?

读到这里,我不禁要问,难道优秀的物理教科书就是教学生,只要循着书写的"脚步"走去,便能够懂得物理了吗? 把书的内容"强记不忘"就行了吗?

再读《书李伯时山庄图后》第二段,就知道苏轼不提倡强记,正如画太阳的人常怀疑自己画的太阳像块圆饼,他并非忘记太阳啊;又如喝醉酒的人仍旧会张嘴去喝,断不会用鼻子去饮;做梦的人仍旧是以手捉物而不是用脚趾,这些都是与天机凑合,无需勉强而自然能够记住的。

所以我们建立关于物理守恒定律的心像,就要像苏轼夸奖李伯时(李公龄)作画的那样,与天机凑合,无需勉强。

人的心像有浅薄有深刻,唯对变化过程中不变的东西印象深刻,故心像中首先记下的是守恒的东西,物理学家关心在变中求不变。过程中不变的东西是先入为主的心像。守恒定律是物理学家深思熟虑,历经考验后总结出来的规律,应该成为人们首选的心像。而对于具体物理问题应采用哪一帧心像,则由经验定夺,它起初是隐约的、模糊的,但渐演渐明。例如,不受外力,则系统动量守恒;又如,系统受的外力矩不变,则应考虑角动量定理。

例 8.1 A, B 两物以绳相连, A 物受水平恒定外力 F 后与 B 一起在粗沙地上以速度 v 滑动,绳忽然断了,问在 B 物停下来的瞬时,A 物的速度 u 如何?

解 绳断后 B 物受到摩擦力

$$f = \mu m_B g$$

减速度

$$a = \mu g$$

B 物停下来所需时间

$$t = \frac{v}{a} = \frac{v}{\mu g}$$

鉴于 A 物受到恒定外力

$$F = \mu (m_A + m_B) g$$

故绳断后，A 物获得加速度是

$$a' = \frac{F - \mu m_A g}{m_A} = \frac{\mu m_B g}{m_A}$$

所以 A 物的速度

$$u = v + a't = v + \frac{\mu m_B g}{m_A} \cdot \frac{v}{\mu g} = v + \frac{m_B}{m_A}$$

另法，在 B 物停下来的瞬时，两物受的外力仍然和摩擦力的合力为零，故可用动量守恒的心像，立刻得到

$$(m_A + m_B)v = m_A u$$

故两个方法得到相同的结果，而守恒定律用来简捷。

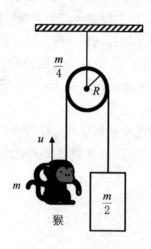

图 8.1   例 8.2 图

例 8.2   如图 8.1 所示，一转轮半径为 R，质量 $\frac{m}{4}$，其两边用绳子各挂一猴和一重物，猴质量为 m，物质量为 $\frac{m}{2}$。当猴以匀速 u 相对于绳子向上爬，求重物的运动情况，设重物相对于地面的上升速度是 v。

答   此问题宜采用的心像是角动量守恒定律，因为对于转轮轴而言系统的力矩在运动中保持不变。猴相对于地面的速度是 $(u - v)$，转轮转动惯量是 I，则

$$I = \frac{m}{8} R^2$$

转轮角速度是

$$\omega = \frac{v}{R}$$

转轮角动量是

$$I\omega = \frac{m}{8} Rv$$

整个系统对于转轮轴的角动量记为 L,则

$$L = \frac{m}{2}vR - m\left(u - v\right)R + I\omega = \frac{13}{8}mRv - mRu$$

猴与重物产生的合力矩为

$$M = \frac{m}{2}gR = \frac{\mathrm{d}}{\mathrm{d}t}L$$

角动量定理可表述为质点对固定点的角动量对时间的微商,等于作用于该质点上的力对该点的力矩。猴以匀速 u 相对于绳子向上爬

$$\frac{\mathrm{d}}{\mathrm{d}t}u = 0$$

故

$$\frac{\mathrm{d}}{\mathrm{d}t}\left(\frac{13}{8}mRv - mRu\right) = \frac{13}{8}mR\frac{\mathrm{d}}{\mathrm{d}t}v = \frac{m}{2}gR$$

故重物相对于地面的上升加速度是

$$\frac{\mathrm{d}}{\mathrm{d}t}v = \frac{4}{13}g$$

例 8.3　如图 8.2 所示,离开悬挂单摆处的正下方 d 处有一个钉子,伸直的摆线从水平开始放下,摆线遇到钉子后摆球正好做圆周运动,摆线长为 l,求 d 的大小。

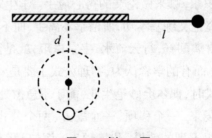

图 8.2　例 8.3 图

解　心像:遇到钉子后摆球绕钉子的角动量守恒,摆线遇到钉子时刻摆球的速度 $\sqrt{2gl} = u$,做圆周运动向心力

$$mg = \frac{mu^2}{l - d}$$

摆球到圆周顶速度 v，能量守恒

$$\frac{1}{2}mv^2 = \frac{1}{2}mu^2 - mg2\left(l-d\right)$$

所以

$$d = \frac{3l}{5}$$

8.2　从守恒定理出发推导新的心像

笔者自从被国务院学位委员会评为博士生导师以来，陆陆续续带了几十个理论物理博士。记得有个一年级的博士生曾问："范老师，我们每天要做有关物理的数学推导，十分曲折与辛苦，而且很多情况下推导没有结果，如何才能避免推导就有物理想法呢？"

我说："推导，推导。"

这是个禅机形式的回答，他当时不能契悟。如今，他已经是某个高校的知名教授了，除了政治学习，还是每天推导。

想起英国的狄拉克曾说（大意）：通向深刻物理思想的道路是靠精密的数学开拓的。我年轻时，推导的笔记做了一本又一本，现在老了身体每况愈下，想整理以前复印的文献和旧笔记的念头，只好放弃了。没有以前的推导积累，哪来做论文的得心应手。学生时期的默写公式也是为将来写研究论文练基本功，所谓拳不离手，曲不离口。我的老师阮图南推导公式淋漓酣畅，行云流水，字字珠玑，就是得益于他常常地默写公式的习惯（而有的学者认为，物理公式主要是要知道其来源）。

我在默写公式时，偶尔会妙笔生花，能于不急煞处转出别意来，此时突然一个念头袭来，一个移项、一个配方、两个公式一比较等小技，都有可能得到意想不到的效果，化境顿生。例如，我在默写海森伯方程时，忽然将它与薛定谔算符比较，就想出了不变本征算符理论（已成专著），它对于求某些周期量子系统的能级带来方便。默写时，要释烦心，涤襟怀，才有可能忽有妙会。

清代学问家曾国藩说读书与看书不同："看者攻城拓地，读者如守土防隘，两者截然两事，不可阙，亦不可混。"他认为看书是汲取与扩充知识范围,需用心去领会;而读书只是为了防止遗忘,读的功能仅在于背书了。对于物理知识与公式,当我们用自己的推导来复述(复读)时,那就有更上一层楼、尽收眼底的视野了。

又联想起禅宗中的一个故事,有一个和尚问睦州禅师:"我们总要穿衣吃饭,如何能避免这些呢?"睦州回答:"穿衣吃饭。"这和尚大惑不解地说:"我不懂你的意思。"睦州回答说:"如果你不懂我的意思,就请穿衣吃饭吧。"

推导是"下学"。古语有"下学而上达",明朝的王阳明这样说"夫目可得见,耳可得闻,口可得言,心可得思者,皆下学也;目不可得见,耳不可得闻,口不可得言,心不可得思者,上达也。如木之栽培灌溉,是下学也;至于日夜之所息,条达畅茂,乃是上达。人安能预其力哉? 故凡可用功,可告语者,皆下学。上达只在下学里。凡圣人所说,虽极精微,俱是下学。学者只从下学里用功,自然上达去,不必别寻个上达的工夫。"

以前读西游记,从未想过,为什么取经三人名字叫悟空、悟能和悟净,现在知道这些命名有禅意。而理论物理学家为了悟,就要推导,推导。

理论物理家宜通哲人之心思,更应擅推导也,焖心脑思不如心手并用也! 操瓢染翰之余,不啻抉题理之阃奥而直攻其间,彼时手中笔锋便是戈矛,脑中揣摩即为戟刺,时而隐中其窍,时而左冲右突,游刃有余。手之利者默操其器,俨如毛颖,却在于锐,气机浩瀚,一往无逮。壹志凝神,隐握其机,决胜于风篝寸晷之间,或一泻千里,烂漫之极,然终归于平淡简约,此为老手笔也。

物理的形式推导有一些美学特点:

(1)推导有气势,如奔马绝尘,既能往而不住,也可勒缰缓行,欣赏行径风光;又如飞泉直泻,隧引洞穿,以鉴风月。

我的笔友何锐评注:"李白有诗言:银鞍照白马,飒沓如流星。好的推导毫不滞涩,潇洒出尘。观其势若飞虹贯日,感其气如九曲回环。故有杜甫赞李白的诗云:笔落惊风雨,诗成泣鬼神。"

(2)推导形式清空,空不异色,妙有禅机。

何锐评注:"李商隐诗云:诗为禅客添花锦,禅是诗家切玉刀。好的推导如枯木龙吟,溪流鸣涧。无有不谐之音,却有环外之意。"

（3）起点于高屋之建瓴,看似荒寒耸建,却气韵生动,可寻味无穷。

何锐评注:"陶渊明诗云:此中有真意,欲辩已忘言。好的推导信息量大,气象万千。而理论家的推导功夫一如老客参禅,见山仍是山,见水仍是水,然已寓身山水之间,不在俗尘之内。"

（4）推导体现非法之法,变幻精奇,却天然去雕饰,无斧凿之痕。

何锐评注:"好的推导必有灵机相随,所以意象环生,然一步一步间间不容发,电光火石之际却瞬生妙变。"

（5）推导雅健清逸,有神韵骨骼。

何锐评注:"杜甫诗言:庾信文章老更成,凌云健笔意纵横。凡事有气则举,无势不立。好的推导亦气脉通贯,神与意合,不至于做成愚形。"

（6）推导简净,却偶有奇趣,浑生别意。

何锐评注:"辛弃疾词云:七八个星天外,两三点雨山前,旧时茅店社林边,路转溪桥忽见。好的推导往往清通简约,形式优美,即便有疑难乍现,也会得到峰回路转的妙趣。"

★ 从守恒定律出发推导新结果的例题

在《物理感觉启蒙读本》的第 136 页,指出单摆的摆绳非常缓慢地被拉短,存在一个绝热不变量

$$E\sqrt{l} \sim \frac{E}{\nu}$$

式中,ν 是单摆振动频率,$\nu \sim \sqrt{\dfrac{g}{l}}$,$g$ 是重力加速度。

现在问,当非常缓慢地拉短摆绳到其原长 L 的一半,摆角从起初的 θ_0 如何变化?

因为不变量 $\dfrac{E}{\nu}$ 的量纲与角动量 $mL^2\dot{\theta} = \mathfrak{P}_\theta$ 的量纲相同,所以我们考虑其在一个摆动周期 $\dfrac{2\pi}{\omega} = T$ 的累积量,在一个摆动周期内,L 基本不变

$$\sum_\theta \mathfrak{P}_\theta \cdot \Delta\theta = \sum_t mL^2\dot{\theta} \cdot \dot{\theta}\Delta t = mL^2 \left\langle \dot{\theta}^2 \right\rangle \frac{2\pi}{\omega}, \quad \omega = \sqrt{\frac{g}{L}}$$

摆的平均动能是总能量的一半,

$$\left\langle \dot{\theta}^2 \right\rangle = \frac{\omega^2 \theta_0^2}{2}$$

故而

$$mL^2 \left\langle \dot{\theta}^2 \right\rangle \frac{2\pi}{\omega} = \pi m L^2 \omega \theta_0^2 = \pi m L^{3/2} \theta_0^2 \sqrt{g}$$

因为它是一个不变量,故 θ_0^2 的变化必须与摆长的变化如此同步

$$\theta_0^2 \sim L^{-3/2}$$

当 $L \to L/2$ 时,摆角从 θ_0 变为

$$\theta_0 \to 1.68 \theta_0$$

例如,地球卫星的能量与角动量决定轨道。

例 8.4　如图 8.3 所示,地球卫星轨道是一个椭圆,地球在此椭圆的一个焦点上,两个焦点之间距是 $2c$,轨道卫星到两个焦点的距离之和为 $2a$,a 是椭圆的半长轴,半短轴 $b = \sqrt{a^2 - c^2}$。问:椭圆轨道是如何被卫星的能量和角动量决定的?

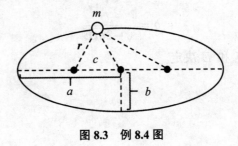

图 8.3　例 8.4 图

解　将卫星速度矢量分解为垂直于矢径 (卫星与焦点之连线 $\boldsymbol{r}$) 和平行于矢径的方向

$$\boldsymbol{v} = \boldsymbol{v}_{\text{平行}} + \boldsymbol{v}_{\text{垂直}}$$

$$\boldsymbol{v}_{\text{垂直}} = \frac{J}{mr}$$

动能

$$E_{\text{动能}} = \frac{m}{2} \boldsymbol{v}_{\text{平行}}^2 + \frac{J^2}{2mr^2}$$

在卫星离开地球最远和最近两点 $v_{平行}=0,(r \to r_0)$，所以

$$E_{总} = \frac{J^2}{2mr_0^2} - G\frac{Mm}{r_0}$$

化为一元二次方程

$$r_0^2 + G\frac{Mm}{E}r_0 - \frac{J^2}{2mE} = 0$$

已知方程解是

$$r_0 = a+c \text{ 或 } a-c$$

由韦达定理得到,两个根之和:

$$a+c+a-c = -G\frac{Mm}{E}$$

两个根之积

$$(a+c)(a-c) = -\frac{J^2}{2mE}$$

得到半长轴

$$a = -G\frac{Mm}{2E}$$

得到半短轴

$$b = \frac{J}{\sqrt{-2mE}}$$

可见,轨道由 J 和 E 决定。

第9章 从心像引发若干解题方法

　　人的物理心像是多元的,但构建与实际契合的相当难。解题时,在对题意之刹那间的恍惚感觉中默而识出约定俗成的物理观念,抉取与心之所思相契合的意象,是第一难;接着酝酿出朦胧的半透明的物象是第二难;用似稳的数学符号,再通过演绎来显现题目之结果,是第三难。

　　具体说明如下:

　　(1)造化超妙变幻,解题先当命意,听钟而得其希微,乘月而思游汗漫。读题需要从题意萌生出以特定形式再现的想象,此想象并受物理规律的制约。

　　(2)教科书上的物理量之定义、定律和公式当融化为学者自己的物理感觉来吸纳包容,使之"理形于言,叙理成论"。

　　(3)将多种物理感觉协调,依法度之,形制以备,再施斧斤。

　　(4)解题将毕,更撮其精要,复归于简约,如孟子曰:"博学而详说之,将以反说约也。"

　　学物理就需要学生有灵活的思维。灵活的反面是迂腐,读死书,不知举一反三,或是不分场合,生搬硬套。兹举一例。

　　古时宋国有个求学的人,(求学)三年后回到家居然直呼他母亲的名字。他母亲说:"你学习了三年,(现在)回到家却直呼我的名字,(这是)为什么?"她的儿子说:"我所认为是圣贤的人,没有超过尧、舜的,我直呼尧、舜的名字;我所认为大的东西,没有大过天、地的,我直呼天、地的名字。如今母亲你贤不会超过尧、舜,母亲你大不可能超过天地,因此就呼母亲的名字。"他的母亲说:"你所学的,准备全部按照实行吗?希望你能改掉直呼母亲的名字的习惯;你所学的,会有不实行的吗? 希望你姑且把直呼母亲名字的事延缓实行。"

这个故事说此人学习生搬硬套, 刻意于咬文嚼字, 甚至连基本的人世常识和人情伦理都忘却了。

9.1　投石问路法

解题时, 如果凭对题意之刹那间的恍惚感觉还不能决定如何下手, 可凭借已有的知识"投石问路"。

例 9.1　如图 9.1 所示, 两根不同刚性系数的轻弹簧支撑着一质量为 m、长为 L 的均匀杆, 平衡时处于水平位置, 求此系统的微小振动频率 ω。

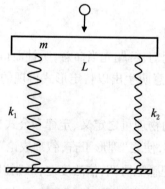

图 9.1　例 9.1 图

解　设想有一块小石头落在杆的中心"投石问路", 于是杆就振动起来, 设两根不同刚性系数的轻弹簧振幅分别为 A_1, A_2, 想到频率 ω^2 的物理意义是元质量物体经历元位移所受的恢复力, 每根弹簧支撑一半杆的重量, $\frac{m}{2}\omega^2 A_1$ 是 k_1 弹簧的恢复力, $\frac{m}{2}\omega^2 A_2$ 是 k_2 弹簧的恢复力, 此杆的质心振动方程为

$$\left(k_1 - \frac{1}{2}m\omega^2\right) A_1 + \left(k_2 - \frac{1}{2}m\omega^2\right) A_2 = 0$$

令

$$y_1 = A_1 \mathrm{e}^{\mathrm{i}\omega t}, \quad y_2 = A_2 \mathrm{e}^{\mathrm{i}\omega t}$$

式中, y_1 是 k_1 弹簧的长度变化 , $\dfrac{L}{2}k_1y_1$ 是 k_1 弹簧力 k_1A_1 绕杆的质心的力矩 , y_2 是 k_2 弹簧的长度变化, $I = \dfrac{1}{12}mL^2$ 是杆绕质心的转动惯量,令杆的转角为 θ, $\theta \approx \dfrac{y_1 - y_2}{L}$, 所以绕杆的质心转动方程

$$I\ddot{\theta} = -\frac{1}{2}L\left(k_1y_1 - k_2y_2\right)$$

故

$$\ddot{\theta} = \frac{\mathrm{d}^2}{\mathrm{d}t^2}\cdot\frac{y_1 - y_2}{L} = -\frac{A_1\omega^2 - \omega^2 A_2}{L}\mathrm{e}^{\mathrm{i}\omega t}$$

代入上式得到

$$I\frac{A_1\omega^2 - \omega^2 A_2}{L} = \frac{1}{2}L\left(k_1A_1 - k_2A_2\right)$$

即为

$$\left(\frac{I\omega^2}{L} - \frac{L}{2}k_1\right)A_1 + \left(\frac{1}{2}Lk_2 - \frac{I\omega^2}{L}\right)A_2 = 0$$

它与质心振动方程联立给出一个方程组,其有不平庸解的条件是方程组系数行列式为 0,故由

$$\begin{vmatrix} k_1 - \dfrac{1}{2}m\omega^2 & k_2 - \dfrac{1}{2}m\omega^2 \\ \dfrac{I\omega^2}{L} - \dfrac{L}{2}k_1 & \dfrac{1}{2}Lk_2 - \dfrac{I\omega^2}{L} \end{vmatrix} = 0$$

即

$$\left(m\omega^2\right)^2 - 4m\left(k_2 + k_1\right)\omega^2 + 12k_1k_2 = 0$$

解出

$$\omega = \sqrt{\frac{2}{m}\left[(k_1 + k_2) \pm \sqrt{k_2^2 + k_1^2 - k_1k_2}\right]}$$

特别地,当 $k_1 = k_2$ 时

$$\omega = \sqrt{\frac{2k}{m}},\sqrt{\frac{6k}{m}}$$

这个特殊情形在《物理感觉从悟到通》一书中已有说明。

例 9.2　如图 9.2 所示,弹性系数为 k 的一根轻弹簧原长 d, 两端各系一质量为 m 的小球放置在水平桌面上,同时分别给两小球以瞬时切向速度 v_0, 见弹簧能达到最大长度 b, 求 v_0 是多少? 弹簧达到最大长度时刻的小球速度和弹簧力为多少?

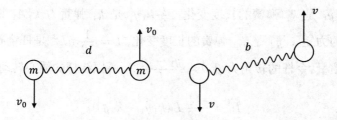

图 9.2　例 9.2 图

解　本题的"投石问路"是考虑初态和终态的物理量守恒。

两小球的质心位置不变,弹簧达到最大长度时刻,两小球切向速度为 v,径向方向速度为 0,由能量守恒给出

$$2 \times \frac{1}{2}mv_0^2 = 2 \times \frac{1}{2}mv^2 + \frac{k}{2}(b-d)^2$$

另一方面,对质心角动量守恒

$$2 \times \frac{d}{2}mv_0 = 2 \times \frac{b}{2}mv$$

故 $v_0 = \dfrac{vb}{d}$,代入上面第一式得到

$$v_0 = d\sqrt{\frac{k(b-d)}{2m(b+d)}}$$

弹簧达到最大长度时刻的小球速度

$$v = \frac{d^2}{b}\sqrt{\frac{k(b-d)}{2m(b+d)}}$$

此刻弹簧力即为向心力

$$m\frac{v^2}{\frac{b}{2}} = 2m\frac{d^4}{b^3}\frac{k(b-d)}{b+d}$$

9.2　旁敲侧击法

把貌似复杂的棘手问题转化为一个等价的可操作的问题,称为旁敲侧击。

例 9.3　如图 9.3 所示,一粒子质量为 m,以速度 v 弹性碰撞到一根长为 l、重为 M 的均匀轻杆的一端后,恰巧停止,问选好杆以后对 m 有何要求?

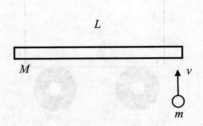

图 9.3　例 9.3 图

解　因粒子在弹性碰撞后恰巧停止,说明动量转移了,记杆的质心速度是 v_c,由动量守恒 $mv = Mv_c$,运动粒子对杆的质心的冲量矩

$$\frac{l}{2}mv = I\omega$$

$$I = \frac{1}{12}Ml^2$$

即

$$\omega = \frac{6mv}{Ml} = \frac{6v_c}{l}$$

由弹性碰撞能量守恒,得

$$\frac{1}{2}mv^2 = \frac{1}{2}I\omega^2 + \frac{1}{2}Mv_c^2$$

联立解之,发现 $m = M/4$。

由此,想到另一碰撞问题:

例 9.4　如图 9.4 所示,光滑地面上有一静止小车,质量为 m,车上离开地面有一定高度设有一向上伸展的光滑弧形轨道。一个质量也为 m 的小球以水平速度 v_0 沿着弧形轨道射入,中途自己返回,求它脱离小车时的运动状态。

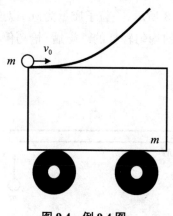

图 9.4　例 9.4 图

解　因为只问及运动状态,就可用旁敲侧击法,把此题想象为两个等质量小球之间的弹性碰撞,水平方向动量守恒有

$$m_{球}v_0 = m_{球}v + m_{车}u$$

另一方面,能量守恒要求

$$\frac{1}{2}mv_0^2 = \frac{1}{2}m_{球}v^2 + \frac{1}{2}m_{车}u^2$$

由于 $m_{球} = m_{车}$,$v_0 = v + u$,又 $v_0^2 = v^2 + u^2$,可见 $vu = 0$,故 $v = 0$,被撞小车以 $u = v_0$ 运动,$v = 0$ 表明质量为 m 的小球以水平速度 v_0 沿着弧形轨道射入,中途自己返回,它脱离小车时的运动状态为自由落体。

晶格振动和低通滤波器相似:

例 9.5　如图 9.5 所示,有两个平行的良导体,电流从一个进,从另一个出,证明:单位长度电感与电容的积是 $\frac{\mu\epsilon}{c^2}$。

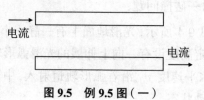

电流

电流

图 9.5　例 9.5 图(一)

证　这是低通滤波器,类比如图 9.6 所示的电容–电感传输线装置。可得传输线装置中第 n 个回路的电流方程。

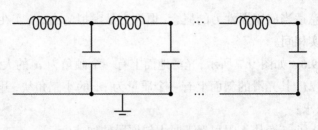

图 9.6　例 9.5 图(二)

$$LC\frac{\mathrm{d}^2 I_n}{\mathrm{d}t^2} = 2I_n - I_{n+1} - I_{n-1}$$

这与晶格振动方程类似(见书《物理感觉从悟到通》),体现旁敲侧击法。回忆晶格振动,晶格由一串质量为 m 原子组成,相邻为 a,原子间相连的刚性系数 β,则晶格振动模式为

$$\omega^2 = 2\frac{\beta}{m}\left(1 - \cos ka\right) = 4\frac{\beta}{m}\sin^2\frac{ka}{2}$$

式中,$k = \dfrac{2\pi}{\lambda}$ 是波数,与波长成反比,相速度为 ω/k 。

令回路的振荡电流为

$$I_n = A\cos\left(nkb - \omega t\right)$$

式中,b 是单回路的尺度,则从回路电流方程导出

$$LC\omega^2 = 4\sin^2\frac{kb}{2} \approx 4\left(\frac{kb}{2}\right)^2 \qquad (b \to 0)$$

因为电磁波速度是

$$\frac{\omega}{k} = \frac{c}{\sqrt{\mu\epsilon}}$$

式中,μ,ϵ 分别为介质磁导率和电容率,c 是光速,所以

$$\frac{LC}{b^2} = \frac{\mu\epsilon}{c^2}$$

式中,$C/b,L/b$ 是单位长度电容、电感。

9.3 参间虚实法

注意适当应用惯性力的概念,惯性力是虚拟的力,与实在作用力可谓虚实相间。

例 9.6 如图 9.7 所示,光滑地面上有一个倾角为 α 的大斜坡段,质量为 M,其光滑的斜面上有一个质量为 m 的小三角块,开始时两者静止,求:

(1)小三角块无阻尼滑下时大斜坡段的加速度;

(2)设大斜坡段的高是 h,求小三角块下滑到地面时大斜坡段的速度 v;

(3)小三角块下滑到地面所需的时间是多长?

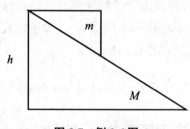

图 9.7 例 9.6 图

解 这是个"即时物理量"与"累积物理量"的综合问题。

(1)小三角块滑下,该系统质心水平位置不变,当小三角块在斜面上位移了 Δx_2 时,大斜坡段在水平方向向左移动了 Δx_1(累积物理量):

$$M\Delta x_1 = m(\Delta x_2 \cos\alpha - \Delta x_1)$$

与此相应,有加速度("即时物理量")之间的关系:

$$Ma_1 = m(a_2 \cos\alpha - a_1)$$

式中,a_1 是大斜坡段的加速度;a_2 是小三角块相对于大斜坡段的相对加速度,其方向是沿着斜面的。

现在假设自己坐在大斜坡段上,忘记(不去感觉)自己在运动,而看到小三角块下滑很快,它受到的"即时力"中,有下滑力 $mg\sin\alpha$,还

有牵连惯性力 $ma_1\cos\alpha$（方向沿着斜面向右，在地面看大斜坡段向左运动），所以

$$mg\sin\alpha + ma_1\cos\alpha = ma_2$$

与前式联立解之，得到

$$a_1 = \frac{mg\sin\alpha\cos\alpha}{M + m\sin^2\alpha}$$

于是

$$a_2 = g\sin\alpha\frac{m + M}{M + m\sin^2\alpha} > g\sin\alpha$$

说明由于 M 物的逆向运动，使得 m 物相对于 M 物的加速度 $>$ $g\sin\alpha$。特别，当 M 物很大，不动时，于是 $a_2 = g\sin\alpha$。

　　本题中引进虚拟惯性力是为了在非惯性系也能使用牛顿定律，称之为参间虚实法。

　　（2）大斜坡段的速度（对地）$v = \dfrac{\Delta x_1}{\Delta t}$，小三角块下滑速度（对大斜坡）$u = \dfrac{\Delta x_2}{\Delta t}$，在水平方向动量守恒：

$$Mv = m\left(u\cos\alpha - v\right)$$

要注意的是，对地而言的能量守恒：

$$\frac{m}{2}\left[(u\cos\alpha - v)^2 + (u\sin\alpha)^2\right] + \frac{M}{2}v^2 = mgh$$

$$v = \sqrt{\frac{2m^2gh\cos^2\alpha}{(m + M)\left(M + m\sin^2\alpha\right)}}$$

$$u = \sqrt{\frac{2g\left(m + M\right)h}{M + m\sin^2\alpha}}$$

（3）小三角块下滑到地面所需时间

$$t = \frac{v}{a_1}$$

$$= \sqrt{\frac{2m^2gh\cos^2\alpha}{(m + M)\left(M + m\sin^2\alpha\right)}} \cdot \frac{M + m\sin^2\alpha}{mg\sin\alpha\cos\alpha}$$

$$= \sqrt{\frac{2\left(M + m\sin^2\alpha\right)h}{g\left(m + M\right)\sin^2\alpha}}$$

或

$$t = \frac{u}{a_2}$$

$$= \sqrt{\frac{2g(m+M)h}{M+m\sin^2\alpha} \cdot \frac{M+m\sin^2\alpha}{g\sin\alpha(m+M)}}$$

$$= \sqrt{\frac{2(M+m\sin^2\alpha)h}{g(m+M)\sin^2\alpha}}$$

（4）小三角块下滑到地面时斜坡段的位移

大斜坡段的边长

$$\frac{h}{\tan\alpha} = L$$

故

$$S = \frac{1}{2}a_1t^2$$

$$= \frac{1}{2} \cdot \frac{mg\sin\alpha\cos\alpha}{M+m\sin^2\alpha} \cdot \frac{2(M+m\sin^2\alpha)h}{g(m+M)\sin^2\alpha}$$

$$= \frac{mh}{(m+M)\tan\alpha} = \frac{mL}{m+M}$$

符合动量守恒。

思考　从此题想开去，如果将小三角块换成一个圆柱体无滑滚下，那么以上的结果如何改变？

9.4　首尾相贯法

关注初态与终态的关系，称为首尾相贯。解题时，从尾猜首，以尾验首，开动正、逆向思维。

例 9.7　如图 9.8 所示，在一个可以自由旋转（转动惯量是 J_z）的圆锥体（高是 h）的表面上有一条蜿蜒伸展到底的道路，一小球（质量为 m）从顶部无摩擦下滑到底部沿着圆（半径 r）的切线方向飞出，求小球的速度 v。

解　设小球飞出圆锥体时
角速度是 ω,圆锥体绕自身轴
的转动惯量是 I,关注初态与终
态的关系,由角动量守恒得到

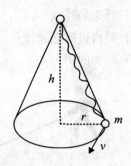

$$\omega I = mrv$$

而由能量守恒给出

$$\frac{1}{2}mv^2 + \frac{1}{2}\omega^2 I = mgh$$

图 9.8　例 9.7 图

联立解之得到

$$v^2 = \frac{2Igh}{I + mr^2}$$

例 9.8　一导体带电量为 Q,一金属勺与之接触带电为 q,再将此
导体充电,使之带电量恢复到 Q,再让此金属勺与之接触,重复上述过
程多次,求金属勺最终带电量几何?

解　金属勺最终带电量

$$q' = q\left[1 + \frac{q}{Q} + \left(\frac{q}{Q}\right)^2 + \dots\right] = \frac{q}{1 - \frac{q}{Q}} = \frac{Qq}{Q - q}$$

此题靠等比级数公式给出心像。数学可以增强解析能力,有层层剥皮
的功能。

另法:每次接触,导体与金属勺的电势相等,则

$$\frac{q}{c_{勺}} = \frac{Q - q}{c_{导体}}$$

最终导体电荷不再转移给金属勺时:

导体电势 $= \dfrac{Q}{c_{导体}} =$ 金属勺电势,记勺子带的电量为 q',则

$$q' = c_{勺}\frac{Q}{c_{导体}} = \frac{c_{勺}Q}{Q - q} \cdot \frac{q}{c_{勺}} = \frac{Qq}{Q - q}$$

例 9.9　以前,长江三峡有人在岸上拉纤,岸比江面高 h,绳经过
一定滑轮被纤夫拉着走(图 9.9 上向左走),当船离开滑轮处垂线的
水平距离是 L 时,测得船行进的速度是 v,求:

（1）纤夫的速度 u；

（2）船行进的加速度；

（3）纤夫的用力。

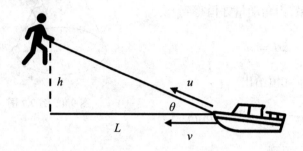

图 9.9   例 9.9 图

解   纤夫的速度即绳的移动速度,是船行进的速度 $v = \dfrac{\mathrm{d}L}{\mathrm{d}t}$ 的分速度,

$$u = v\cos\theta = v\frac{L}{\sqrt{L^2 + h^2}}$$

故而加速度

$$\frac{\mathrm{d}v}{\mathrm{d}t} = u\left(\frac{1}{\sqrt{L^2 + h^2}} - \frac{\sqrt{L^2 + h^2}}{L^2}\right)\frac{\mathrm{d}L}{\mathrm{d}t}$$

$$= \frac{-uh^2}{L^2\sqrt{L^2 + h^2}} \cdot \frac{\mathrm{d}L}{\mathrm{d}t} = -u^2\frac{h^2}{L^3}$$

心像   纤夫的速度 u 定常,而船却在加速。纤夫所用的力 $mu^2\dfrac{h^2}{L^3}$ 随着 L 减小而迅速地增大,我们看关于三峡的电影纪录片可见纤夫的辛苦。此题解完后,当首尾相贯回味一番。

例 9.10   如图 9.10 所示,设一小星球在近日点和远日点速度分别为 v 和 u,求此轨道的偏心率。

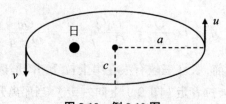

图 9.10   例 9.10 图

解　在近日点和远日点运动时,无径向速度,只有横向速度,万有引力下角动量守恒,

$$mvR_近 = muR_远 \equiv J$$

$$\frac{R_近}{R_远} = \frac{u}{v}$$

式中,a,c 是椭圆轨道长、短半轴,则

$$e = \frac{c}{a}$$

$$R_近 = a(1-e)$$

$$R_远 = a(1+e)$$

故

$$u = R_远\omega_远 = R_远\frac{J}{mR_远^2} = \frac{J}{mR_远} = \frac{J}{ma(1-e)}$$

$$v = R_近\omega_近 = R_近\frac{J}{mR_近^2} = \frac{J}{mR_近} = \frac{J}{ma(1+e)}$$

故

$$\frac{u}{v} = \frac{1+e}{1-e}$$

由此解出

$$e = \frac{u-v}{u+v}$$

此题由将小星球在近日点和远日点运动相顾(远近相贯)而解得。

例 9.11　如图 9.11 所示,一根链条长 l,放在摩擦系数为 μ 水平桌面上,问:

(1)需有多长的 x_0 部分下垂,链条才会下滑?

(2)链条刚脱离桌面时,链条速度多少?

(3)链条速度与摩擦系数的函数关系如何?

图 9.11　例 9.11 图

解　这也是一个涉及初、终态的问题。x_0 部分链条重力刚好等于摩擦力，链条会下滑，设链条线密度 $\rho = m/l$，则

$$\rho g x_0 = \rho g (l - x_0) \mu$$

下垂部分

$$x_0 = (l - x_0) \mu$$

$$x_0 = \frac{l \mu}{1 + \mu}$$

$$\frac{x_0}{l} = \frac{\mu}{1 + \mu}$$

$$l - x_0 = \frac{l}{1 + \mu}$$

$$l + x_0 = \frac{l + 2l\mu}{1 + \mu}$$

设想 x_0 部分链条弯成与桌面水平，势能增加 $\frac{x_0}{2} x_0 \rho g$，整根水平链条滑落，刚脱离桌面时势能减少 $\frac{l}{2} l \rho g$。

所以题中所叙的 $(l - x_0)$ 部分脱离桌面时势能减少为

$$\left(\frac{l^2}{2} - \frac{x_0^2}{2} \right) \rho g = \frac{(l + x_0)(l - x_0)}{2} \rho g = \frac{(1 + 2\mu) l^2}{2(1 + \mu)^2} \rho g$$

势能减少用在克服 $(l - x_0)/2$（质心）在桌面上移动的摩擦力做功，有

$$\rho g (l - x_0) \mu \times \frac{l - x_0}{2} = \frac{\rho g (l - x_0)^2 \mu}{2}$$

代入 $l - x_0 = \dfrac{l}{1 + \mu}$，故

$$克服摩擦力做功 = \frac{\rho g \mu}{2} \cdot \frac{l^2}{(1 + \mu)^2}$$

链条脱离桌面时动能就是

$$\frac{\rho l}{2} v^2 = \left(\frac{l^2}{2} - \frac{x_0^2}{2} \right) \rho g - \frac{\rho g (l - x_0)^2 \mu}{2}$$

$$= \frac{\rho g l^2 (1 + 2\mu)}{2(1 + \mu)^2} - \frac{\rho g l^2 \mu}{2(1 + \mu)^2}$$

$$= \frac{\rho g l^2}{2(1+\mu)}$$

故而链条刚脱离桌面时,链条速度为 $x_0 = \frac{l\mu}{1+\mu}$,有

$$v = \sqrt{\frac{gl}{1+\mu}}$$

或

$$v = \sqrt{\frac{gx_0}{\mu}}$$

分析　链条速度由 μ 与 l 决定(注意,在 4.1 节中的例 4.4 中讲的是无摩擦的情形)。

例 9.12　电扇额定功率 $P = Fv = Fr\omega = M\omega$, $M = Fr$ 是电动力矩,阻力矩 $= -k\omega$, k 是比例系数,求当电扇转速稳定后,电扇的角速度

$$\frac{P}{\omega'} = M$$

解　当电扇转速稳定后,稳定态方程

$$M - k\omega' = 0$$

故

$$\omega' = \sqrt{\frac{P}{k}}$$

补充　未达稳定态时方程为

$$\frac{P}{\omega} - k\omega = I\frac{d\omega}{dt}$$

即

$$dt = \frac{I d\omega}{\frac{P}{\omega} - k\omega}$$

换型

$$\int_0^\infty \frac{d(P - k\omega^2)}{P - k\omega^2} = -\int_0^t \frac{2k}{I} dt$$

故

$$\omega = \sqrt{\frac{P}{k}\left[1 - t\exp\left(-\frac{2kt}{I}\right)\right]}$$

所以当 t 足够大,$\exp\left(-\frac{2kt}{I}\right)$ 很小时,$\omega \to \frac{P}{k}$。

9.5 空翻题意法

空翻题意法是指:

(1) 将面临的问题浮想联翩,直至与另一个已知答案的问题衔接;

(2)把字面上的题意转化或推想到极致。

例 9.13 如图 9.12 所示,长为 l,重为 m 的链条竖直悬空,上端钉在墙上,其下端恰恰触及一个台秤,撤去钉,链子释放下落,问当最上端的链圈落在台秤时刻,秤的读数是多少?

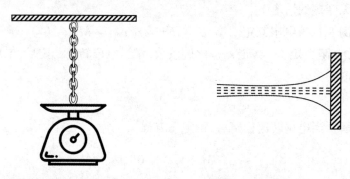

图 9.12 例 9.13 图(一)   图 9.13 例 9.13 图(二)

解 我们将此题"空翻"为速率为 v 的水柱垂直冲击水泥墙壁,水流分散(图 9.13),对墙的压强是多少?

水流冲量是流量 ρv 乘上速度 v,即 ρv^2。

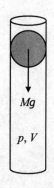

图 9.14 例 9.14 图

最上端的链圈质量为 $\frac{m}{l}$,落在台秤时刻速度是 $\sqrt{2gl}$,把下落的链条比作冲击水柱,落在台秤的一刹那,该链圈的压强是 $\frac{m}{l}\left(\sqrt{2gl}\right)^2$。再加上链条本身的重量,秤的读数是 $3mg$。

本题中我们将下落的链条想象为冲击水柱,从题外话一转切入正题,故称为空翻题意法。

例 9.14 如图 9.14 所示,体积为

V 的瓶内有理想气体,气压 p 稍稍大于大气压。瓶口用一质量为 M 的小球塞塞着,瓶口光滑滑动,球塞的滑动是简谐振动吗?

解 略。

例 9.15 如图 9.15 所示,在光滑地面上的一根长为 L 的均匀杆,从初始时刻处在斜度为 θ_0 的状态松手往下倒时,它的失重是多少?

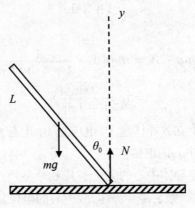

图 9.15 例 9.15 图

解 均匀杆只受重力,往下倒的过程中其质心在水平方向无位移,记竖直方向为 y 轴,我们空翻题意,将题意失重转化为求地面对杆的支持力 N:

$$N - mg = m\ddot{y}$$

N 对质心的力矩

$$\frac{L}{2}N\sin\theta_0 = I\ddot{\theta} = \frac{m}{12}L^2\ddot{\theta}, \quad N = \frac{mL\ddot{\theta}}{6\sin\theta}$$

由于 $y = \dfrac{L}{2}\cos\theta, \dot{y} = -\dfrac{L}{2}\dot{\theta}\sin\theta$,有

$$\ddot{y} = -\frac{L}{2}(\dot{\theta}^2\cos\theta + \ddot{\theta}\sin\theta)$$

在 $t = 0$ 时,有

$$\dot{\theta} = 0$$

$$\theta = \theta_0, \quad \ddot{y} = -\frac{L}{2}\ddot{\theta}\sin\theta_0$$

故松手倒下时,地面对杆支持力为

$$N = mg + m\ddot{y} = mg - \frac{mL}{2}\ddot{\theta}\sin\theta_0$$
$$= mg - 3N\sin^2\theta_0$$

所以

$$N = \frac{mg}{1 + 3\sin^2\theta_0}$$

失重为

$$mg - N = mg\left(1 - \frac{1}{1 + 3\sin^2\theta_0}\right)$$
$$= mg\frac{3\sin^2\theta_0}{1 + 3\sin^2\theta_0}$$

例 9.16   一个立方导体盒子,电位是 0,其盖子是绝缘板,电位是 ϕ,求立方体导体中心的电位。

解   一个立方导体中心的电位是其 6 个面所产生的电势的叠加,若 6 个面是一样的,则它是等势体,故中心的电位是

$$\phi = 6 \times \frac{\phi}{6} = \phi$$

而本题的题意只剩一个电位是 ϕ 的面(盖子面),故该立方导体中心的电位是 $\phi/6$。

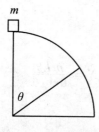

图9.16   例9.17图

例 9.17   质量为 m 的滑块在扇形 (1/4 球,半径 R,质量 M) 的顶部受扰动滑下,扇形 1/4 球本身放在光滑水平面上(图 9.16)。求:

(1) 求滑下 θ 角处(尚未脱离)滑块的速率是多少?

(2) 滑块的动力学方程为何?

(3)如果 $M/m = 2$,滑块在何处脱离球面?

解   在 θ 角处,滑块相对于地面速度 $\boldsymbol{v}$,扇形 1/4 球相对于地面速度 $\boldsymbol{u}$

$$mgR(1 - \cos\theta) = \frac{1}{2}m\boldsymbol{v}^2 + \frac{1}{2}M\boldsymbol{u}^2$$

记 v' 是滑块相对于扇形的速度

$$v = u + v'$$
$$v^2 = v'^2 + u^2 - 2uv'\cos\theta$$

水平方向动量守恒

$$m(v'\cos\theta - u) = Mu$$

联立以上方程解之得到滑块的速率

$$v' = \sqrt{\frac{2gR(1-\cos\theta)(M+m)}{M+m\sin^2\theta}}$$

在扇形上看,滑块受惯性力 $-m\dfrac{\mathrm{d}u}{\mathrm{d}t}$,滑块的动力学方程是

$$m\frac{v'^2}{R} = mg\cos\theta - N - m\frac{\mathrm{d}u}{\mathrm{d}t}$$

滑块在脱离球面时

$$N = 0$$
$$-m\frac{\mathrm{d}u}{\mathrm{d}t} = 0$$

动力学方程约化为 $\dfrac{v'^2}{R} = g\cos\theta$,所以滑块在

$$\cos\theta = \frac{2(1-\cos\theta)(M+m)}{M+m\sin^2\theta}$$

处脱离球面。

例 9.18 对于一直线上的三原子分子,两边原子以中间的原子为对称,其动能与势能之和为

$$H = \frac{p_1^2}{2\nu} + \frac{p_2^2}{2\mu} + \frac{p_1^2}{2\nu} + \frac{\tau}{2}(q_1 - q_2)^2 + \frac{\tau}{2}(q_3 - q_2)^2$$

求其简正坐标和简正频率。

解 用范氏波动法得到简正坐标

$$\left(\frac{\nu q_1 + \mu q_2 + \nu q_3}{\sqrt{\mu + 2\nu}}, \sqrt{\frac{\nu}{2}}(q_1 - q_3), \sqrt{\frac{\mu\nu}{2\mu + 4\nu}}(q_1 - 2q_2 + q_3)\right)$$

简正频率是

$$0, \quad \sqrt{\frac{\tau}{\nu}}, \quad \sqrt{\frac{\tau}{\nu}\left(1+\frac{2\nu}{\mu}\right)}$$

质心坐标为

$$\frac{\nu q_1 + \mu q_2 + \nu q_3}{\sqrt{\mu + 2\nu}}$$

它对应零模式振动。范氏波动法本身是凭空想出来的。

9.6　移花接木法

有些题解起来,很难直奔主题,这时需要考察用什么定理作为套环来搭接上解题脉络。

图 9.17　例 9.19 图

例 9.19　如图 9.17 所示,无摩擦轻定滑轮(半径为 R)两边各拴一个猴子(在左侧)和一物(在右侧),猴子质量 M 是物的 2 倍,猴子为了使自己不往下降落,它必须以相对绳子而言多大的加速度往上爬?

(试比较《物理感觉启蒙读本》86 页图 3.4 的习题)

解　设重物 (相对地面) 上升速度 $\dot{y}_1$,猴子相对地面的上升速度是 $\dot{y}_2$,猴子相对绳子上升度是 $\dot{y}'$。因为重物上升速度即为右侧绳子相对地面的上升速度(在左侧看是下降),故有

$$\dot{y}_2 = \dot{y}' - \dot{y}_1$$

相对地面系统角动量

$$J = \frac{M}{2} R \dot{y}_1 - MR(\dot{y}' - \dot{y}_1)$$

于是

$$\frac{\mathrm{d}J}{\mathrm{d}t} = \frac{3M}{2}R\ddot{y}_1 - MR\ddot{y}'$$

作用于滑轮的力矩是 $\frac{M}{2}gR$：

$$\frac{M}{2}gR = \frac{3M}{2}R\ddot{y}_1 - MR\ddot{y}'$$

猴子为了使自己不往下降落，就不应有加（减）速度，所以

$$\ddot{y}_2 = \ddot{y}' - \ddot{y}_1 = 0$$

于是前一式变为

$$\frac{M}{2}gR = \frac{M}{2}R\ddot{y}'$$

所以猴子相对绳子上升加速度是

$$\ddot{y}' = g$$

可见此题是通过角动量定理来"移花接木"。

例 9.20　如图 9.18 所示，飞机场上一个行李传送带的速度是 v，传送带由马达带动，设为恒速度，质量为 m 的一件行李垂直放到传送带上 A 点，行李与带的摩擦系数是 μ，问行李要在传送带上滑行多远，才与传送带同步？这段路程中摩擦力做功多少？

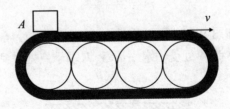

图 9.18　例 9.20 图

解　此题需要将动量定理和动能定理"移花接木"。设行李由摩擦力 $F = \mu mg$ 带动开始加速到速度 v（与传送带同步）所需时间为 t，则

$$Ft = \mu mgt = mv$$
$$t = \frac{v}{\mu g}$$

$$a = \mu g$$

在这段时间内行李在传送带滑行距离为 x。

$$x = \frac{1}{2}at^2 = \frac{1}{2}\mu g \left(\frac{v}{\mu g}\right)^2 = \frac{v^2}{2\mu g}$$

而传送带 A 点在这段时间内走了 vt，行李落后 A 点的距离是

$$vt - \frac{v^2}{2\mu g} = \frac{v^2}{2\mu g}$$

在这段距离内摩擦力做功

$$W = F\frac{v^2}{2\mu g} = \mu m g \frac{v^2}{2\mu g} = \frac{1}{2}mv^2$$

例 9.21　一个刚性系数为 k 的微弹簧秤，在温度 T 下，可测的最小质量是多少？

解　在温度 T 下，微弹簧有热涨落

$$\frac{1}{2}k(\Delta x)^2_{平均} = \frac{1}{2}KT$$

其中，K 是玻尔兹曼函数。当被测物引起的位移与热涨落引起的位移可以比拟时：

$$\frac{mg}{k} = \sqrt{(\Delta x)^2_{平均}} = \sqrt{\frac{KT}{k}}$$

测量就无意义。可测的最小质量是

$$m = \frac{\sqrt{kKT}}{g}$$

例 9.22　如图 9.19 所示，质量为 m 的一根均匀棍的一端悬挂在 O 处，在距离 O 为 b 处受一水平冲量 J，求悬点处受到的冲量？

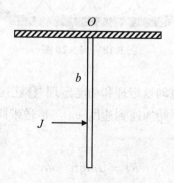

图 9.19　例 9.22 图

解　棍转动的角速度是

$$\omega = \frac{Jb}{I} = \frac{3Jb}{mL^2}$$

均匀棍的质心初速度 $v = \frac{\omega L}{2}$，故而均匀棍的动量改变量是

$$mv = \frac{m\omega L}{2}$$

所以悬点处受到的冲量是棍的动量改变量减去外冲量 J

$$\frac{mL\omega}{2} - J = \frac{mL}{2} \cdot \frac{3Jb}{mL^2} - J = \left(\frac{3b}{2L} - 1\right) J$$

由此题目可以联想到篮球运动员投篮时被对手犯规打手,其肩周也会受冲击。

9.7　起兴比附法

物理不断取得进步的途径之一是采用类比法,例如,电学的库仑定律类比万有引力定律;狄拉克将量子力学的基本对易关系类比经典力学的泊松括号等。类比讲究贴切,刘勰在《文心雕龙》中写道:"比类虽繁,以切至为贵"。类比还能体现"物虽胡越,合则肝胆",即是说,某物与相比之物,虽分处胡越两地,而善比之人,能将它们如肝胆那样,自然契合。

例 9.23　两个全同圆盘由 3 根扭转常数 k,扭力矩为 $-k\theta$ 的全同扭摆如图 9.20 所示相连,给第二个圆盘以角速度 $\dot{\theta}_2 = \Omega$ 旋转起来,问需多少时间,会把其动能传递给第一个圆盘?

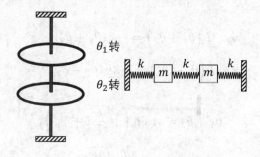

图 9.20　例 9.23 图

解 我们将此问题与 2 个振子由 3 个弹簧耦合起来的系统比拟，在《物理感觉从悟到通》中我们已经知道两个质量都是 m 的物体约束在 3 个全同的弹簧（弹簧系数 K）中，其本征振动频率为

$$\omega_1^2 = \frac{K}{m}$$
$$\omega_2^2 = \frac{3K}{m}$$

振动模式解释 第一种情形是左边那根弹簧伸长 Δx，右边那根弹簧压缩 Δx，而中间弹簧长度不变，其效果是使两个物体位移了等距离；第二种情形是中间那根弹簧被左右两物体相向压缩，到两倍长度 $2\Delta x$，然后与左边那根弹簧一起作用于左边那个物体，合计的恢复力是 $3K\Delta x$；右边那个物体的受力情形也是如此。此时两个物体的每单位位移都有相同的恢复力，故而也是一个简谐振动模式。

与此类比，我们就可以猜到

$$\dot{\theta}_1 = \omega_1 = \sqrt{\frac{k}{I}}$$
$$\dot{\theta}_2 = \omega_2 = \sqrt{\frac{3k}{I}}$$

我们也可给出详细解：系统动能为 $\frac{1}{2}I\left(\omega_1^2 + \omega_2^2\right)$，当中的扭摆的势能为 $\frac{k}{2}\left(\theta_2 - \theta_1\right)^2$，顶上扭摆的势能为 $\frac{k}{2}\theta_2^2$，底下扭摆的势能为 $\frac{k}{2}\theta_1^2$，总势能为 $\frac{k}{2}\left(\theta_1^2 + \theta_2^2\right) + \frac{k}{2}\left(\theta_2 - \theta_1\right)^2$，扭动方程为

$$I\ddot{\theta}_1 = -k\left(2\theta_1 - \theta_2\right)$$
$$I\ddot{\theta}_2 = -k\left(2\theta_2 - \theta_1\right)$$

组合得到

$$I\left(\ddot{\theta}_1 + \ddot{\theta}_2\right) = -k\left(\theta_1 + \theta_2\right)$$
$$I\left(\ddot{\theta}_1 - \ddot{\theta}_2\right) = -3k\left(\theta_1 - \theta_2\right)$$

解得

$$\theta_1 + \theta_2 = A\sin\left(\sqrt{\frac{k}{I}}t + \varphi_a\right)$$
$$\theta_1 - \theta_2 = B\sin\left(\sqrt{\frac{3k}{I}}t + \varphi_b\right)$$

在 $t = 0$ 时，初始条件给出

$$\dot{\theta}_1 + \dot{\theta}_2 = \Omega$$
$$\dot{\theta}_1 - \dot{\theta}_2 = -\Omega$$

故

$$A = \Omega\sqrt{\frac{I}{k}}$$
$$B = -\Omega\sqrt{\frac{I}{3k}}$$

因此

$$\dot{\theta}_1 = \frac{\Omega}{2}\left[\sqrt{\frac{I}{k}}\sin\left(\sqrt{\frac{k}{I}}t\right) + \sqrt{\frac{I}{3k}}\sin\left(\sqrt{\frac{3k}{I}}t\right)\right]$$
$$\dot{\theta}_2 = \frac{\Omega}{2}\left[\cos\left(\sqrt{\frac{k}{I}}t\right) + \cos\left(\sqrt{\frac{3k}{I}}t\right)\right]$$

$\dot{\theta}_2 = 0$ 的条件是时间间隔 t 满足

$$\cos\left(\sqrt{\frac{k}{I}}t\right) + \cos\left(\sqrt{\frac{3k}{I}}t\right) = 0$$

时，第二个圆盘就会把其动能传递给第一个圆盘。

但是类比不是证明，不少物理指导书虽然都提到了类比这一思考方法来说明事物，但是忽略了起兴。实际上，因物起兴与比附事理不可割裂。因物起兴的，依靠含义微隐的事物来寄托，因为触物起情，所以起兴的手法得以成立；因为比附事理，所以比喻的手法得以产生。

中国诗词都讲究比兴，南朝梁钟灿在《诗品》中说："文已尽而意有余，兴也。因物喻志，比也。"

刘勰在文心雕龙中说："故比者，附也。兴者，起也。附理者切类以指事，起情者依微以拟议。起情故兴体以立，附理故比例以生。"

这里的"比"，就是比附的意思；"兴"，就是起兴的意思。

物理学中的"比"一般指两个物理系统的雷同之处，例如一个电容-电感回路可以比作一个谐振子；一个约瑟夫森结可以比作一个复摆等。通过"比"可促进物理学的发展，如狄拉克将量子对易括号类比为经典泊松括号；笔者将几何光学的光线传播的 ABCD 定理发展为量子光学的情形、将菲涅尔衍射对应量子光学相干态的正则演化等。通过"比"也可深化人们对物理的认识,例如笔者和吴泽将基尔霍夫的黑体辐射定律与爱因斯坦的光辐射理论类比,可以加深理解。笔者和笪诚还将激光通道比拟为经济领域的一个投资–利润关系方程。

物理中"比"还可指数量级的比较,例如,媒质中的光速比真空中的光速小,粒子在媒质中的行进速度可能超过媒质中的光速,在这种情况下会发生辐射(切伦科夫辐射),称为切仑科夫效应(Cherenkov effect)。

一般来说,肉眼看不见切伦科夫效应,在 20 世纪 30 年代初期,切伦科夫为了提高眼睛的敏感度,每次实验之前都要在完全漆黑的环境中待一个小时以上。他发现辐射沿着入射方向被极化了,正是入射的辐射所产生的快速次级电子才是可见辐射的根本原因。

切伦科夫辐射的强度很大时,会在屏蔽某些核反应堆的池水中出现微弱的浅蓝色的光辉,这是由于反应堆射来的高能电子的速度比光在水中的速度大而比光在真空中的速度小的原因引起的。

在日常生活中,也可找到切伦科夫效应的例子。例如,当船在水中以大于水波的波速运动时,船前的波就可以认为是切伦科夫效应。又如,在空气中,一架喷气式飞机以大于声速运动时,飞机前头的空气波也可以作为说明切伦科夫效应的例子,这就是"比"的另一层意思。

即使是两个物理公式之间的类比,也会使人感到自然界的魅力而浮想联翩,例如万有引力和电学的库仑力做类比,两者都与距离的平方成反比,那是为什么呢?

觉察物理相似性是前进的因素。麦克斯韦善于从类比中悟出共性,他写道:"为了不通过一种物理理论而获得物理思想,我们就应当熟悉现存的物理相似性。所谓物理相似性,我认为是在一种科学定律和一些能够相互阐明的定律之间存在着的局部相似。"

在注意物理相似性的时候,我们还必须更注意相异。例如,由麦克斯韦方程组推出"光就是产生电磁现象的媒质(以太)的横振动",传播电磁与传播光"只不过是同一种介质而已"。以太充满整个宇宙,光波与电磁波的定常传播速度——麦克斯韦的光速

$$c = \frac{1}{(\varepsilon\mu)}$$

式中,ε 是真空介电常数,μ 是真空磁化率常数。相似于机械波在介质中的传播,从麦克斯韦的电磁理论看,有以太存在,它是测定光速的绝对参考系。整个方程组只对于绝对静止的以太参考系才是成立的。

因此,麦克斯韦在指出电磁扰动的传播与光传播的相似之后写道:电磁波可在其中传播究竟是相对于哪一个参考系而言的?

真空电容率和真空磁导率被认为是常数,这有不合理的地方。它的逻辑是这样的:因为真空中什么都没有,所以真空电导率和真空磁导率是常数。我们用相同的逻辑换个思路:因为真空中有以太,地球在以太中运动,所以地球上真空电导率和真空磁导率在不同方向有差异。

1905 年,爱因斯坦根据迈克尔逊实验结果大胆抛弃了以太说,认为光速不变是基本的原理,并以此为出发点之一创立了狭义相对论。爱因斯坦在《论动体的电动力学》一文的前言中说:"'光以太'的引用将被证明是多余的。"人们从此接受了电磁场本身就是物质存在的一种形式的概念,而场可以在真空中以波的形式传播。

所以, 物理类比要十分小心, 过犹不及。下面两道题再叙类比:

例 9.24 如图 9.21 所示, 一根轻杆铰链在悬点上可自由摆动, 杆的中点和端点各固定有相同的小球,求摆动频率。

解 由摆动中势能转化为动能,得到

$$mgl\left(1-\cos\alpha\right)+mg\frac{l}{2}\left(1-\cos\alpha\right)$$

$$=\frac{m}{2}\left(\omega l\right)^2+\frac{m}{2}\left(\frac{\omega l}{2}\right)^2$$

即

$$3g\left(1-\cos\alpha\right)=\frac{5}{4}l\omega^2$$

比拟一个以同频率摆动的单摆,摆长为 l_0:

$$mgl_0\left(1-\cos\alpha\right)=\frac{m}{2}\left(\omega l_0\right)^2$$

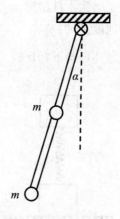

图 9.21　例 9.24 图

即

$$g\left(1-\cos\alpha\right)=\frac{\omega^2 l_0}{2}$$

此式与前一式相除,得到

$$\frac{3}{2}l_0=\frac{5}{4}l$$

所以此系统的摆动频率是

$$\omega=\sqrt{\frac{g}{l_0}}=\sqrt{\frac{6g}{5l}}$$

例 9.25   梁下悬挂着一根木杆,木杆底部挂了一只篮子,内盛有鱼儿,总质量为 M。一只野猫,质量为 m,从屋梁跳到篮子上,却把悬绳扯断,野猫本能地缩回爪子向杆上爬,希望保持在它落点的高度上,求此刻木杆下落的加速度。

解   加速度为

$$g+\frac{m}{M}g$$

这是因为木杆给猫 mg 大小的力,猫给木杆的反作用 mg 引起的附加加速度是 $\frac{m}{M}g$。

此题还可与下题比较。

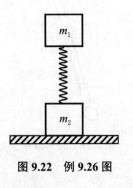

图 9.22   例 9.26 图

例 9.26   如图 9.22 所示,弹簧竖直方向连着两个不同质量的木块 m_1 和 m_2 静止在桌子上。突然撤去桌子,求下面那个木块 m_2 的加速度。

解 m_2 的加速度为

$$g\left(1+\frac{m_1}{m_2}\right)$$

例 9.27   如图 9.23 所示是一半径为 b 的碗内有一个质量为 m,半径为 a 的钢珠在无滑滚动,求摆动周期。

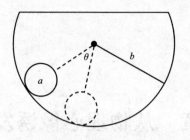

图 9.23　例 9.27 图

解　钢珠质心动能为 $\frac{m}{2}(b-a)^2\dot{\theta}^2$,绕质心转动能为 $\frac{1}{2}\cdot\frac{2}{5}ma^2\omega^2$, $\frac{2}{5}ma^2$ 是钢珠的转动惯量,钢珠动能 T 是质心动能加上绕质心转动能:

$$T = \frac{m}{2}(b-a)^2\dot{\theta}^2 + \frac{1}{2}\cdot\frac{2}{5}ma^2\omega^2$$

约束:当钢珠圆周转过 $a\omega$,在碗里划过轨迹 $(b-a)\dot{\theta}$,所以 $a\omega = (b-a)\dot{\theta}$ 故 $T = \frac{7m}{10}(b-a)^2\dot{\theta}^2$。

相对碗的中心而言,钢珠势能为 $mg(b-a)(1-\cos\theta)$,在无滑滚动中能量守恒,故

$$mg(b-a)(1-\cos\theta) + \frac{7m}{10}(b-a)^2\dot{\theta}^2 = 常数$$

两边对时间微商得到

$$\ddot{\theta} + \frac{5g}{7(b-a)}\sin\theta = 0$$

小摆动时,$\sin\theta \to \theta$,所以对照摆长为 l 的单摆的周期公式,有比拟

$$\frac{g}{l} \to \frac{\frac{5g}{7}}{b-a}$$

将此结果与《物理感觉启蒙读本》中叙述的球在坡度 α 斜面下滑的加速度比较,即为 $\frac{5g}{7}\sin\alpha$,似乎重力加速度是 $\frac{5g}{7}$。

第 10 章   从物理心像诱发想象力

10.1   理性思维引导想象力

　　心像胸有成竹以后,可诱发想象力。看到一个新题目,展开自己的想象,迫使自己用心去体验这个新问题与已有知识的关联与异同,从一系列有逻辑性的判断趋近问题的本质。想象的工作往往就是由这种有意识的、理性的思维加以引导的,在脑海里的"视觉"形象就会浮现在眼前,短暂的瞬间幻想就形成了。

　　譬如,从第二宇宙速度(能脱离地球引力场的卫星的速度)的概念,应该想到卫星的动能应克服地球引力势

$$\left.\begin{array}{c} \dfrac{m}{2}v^2 = G\dfrac{mM}{R} \\[2mm] v = \sqrt{\dfrac{2GM}{R}} \end{array}\right\}$$

轨道是抛物线。鉴于万有引力

$$g = \frac{GM}{R^2}$$
$$v = \sqrt{2gR}$$

推广想开去就可引入黑洞的概念,黑洞的质量大到

$$\frac{GM}{R^2} < c^2$$

时,光那么大的速度 c 也不能从该天体逃逸。

　　怎样训练想象力呢? 孔子曰:"不愤不启,不悱不发。举一隅不以三隅反,则不复也。"

孔子这段话的意思是：教学生，先让他独立思考，不到他苦思冥想怎么也弄不明白，从而着急、郁闷乃至悲苦的时候，不去启示他开导他。南宋大儒朱熹逐字逐句解此句："愤者，心求通而未得之意。悱者，口欲言而未能之貌。启，谓开其意。发，谓达其辞。物之有四隅者，举一可知其三。反者，还以相证之义。复，再告也。"数百年来，学者们一般都采纳朱氏之说。

以下几题需依靠想象力。

例 10.1　有人在光滑地面上运动的一滑板（以 v 直线运动，质量为 M）的前端放上一个小物件（质量为 m），小物件与滑板的摩擦系数为 μ，问要小物件不从滑板上掉下来，滑板 L 起码要多长？

解　放上小物件后，设此瞬时系统速度为 v'，有

$$(M+m)v' = Mv$$

故

$$v' = \frac{M}{M+m}v$$

此时此刻系统的能量就是

$$\frac{1}{2}(M+m)v'^2 = \frac{1}{2}(M+m)\left(\frac{M}{M+m}v\right)^2$$
$$= \frac{1}{2}\cdot\frac{M^2}{M+m}v^2$$

因为本题问的是滑板起码要多长，所以考虑此能量在小物件从滑板的前端溜到后端并等速前进时共走了 L，摩擦力做功为

$$mgL\mu = \frac{1}{2}Mv^2 - \frac{1}{2}(M+m)v'^2$$
$$= \frac{1}{2}v^2\frac{Mm}{M+m}$$

故滑板起码要的长度是

$$L = \frac{Mv^2}{2g\mu(M+m)}$$

例 10.2　如图 10.1 所示，一瓶中装有理想气体，压强略大于大气压 p_0，球形瓶塞横面积 S，塞子重 mg，可以在竖直方向自由滑动，设气体经历绝热过程，求瓶塞振动频率。

解 将瓶塞振动比拟为弹簧振子。在平衡时

$$p = \frac{p_0 + mg}{S}$$

多方过程物态方程

$$pV^\gamma = 常数$$

γ 是多方指数，

$$\frac{\mathrm{d}p}{p} + \gamma \frac{\mathrm{d}V}{V} = 0, \ \mathrm{d}V = -\frac{V}{\gamma}\frac{\mathrm{d}p}{p}$$

塞子受气体顶力

$$S\mathrm{d}p = -kx, \ x = \frac{\mathrm{d}V}{S}$$

需要确定 k

$$k = -\frac{S^2 \mathrm{d}p}{\mathrm{d}V} = \frac{S^2 p \gamma}{V}$$

瓶塞振动频率

$$\omega = \sqrt{\frac{k}{m}} = \sqrt{\frac{S^2 \left(p_0 + mg/S\right)\gamma}{Vm}}$$

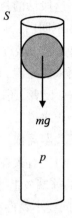

图 10.1　例 10.2 图

例 10.3　如图 10.2 所示，一长为 $2L$ 的均匀板，重为 W，靠在光滑墙上，成 α 角倾斜。板的底部用不可伸长的弦连接墙根，求弦上张力 T。

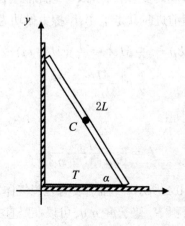

图 10.2　例 10.3 图（一）

解 由图 10.2 知

$$y = L\sin\alpha, \quad x = 2L\cos\alpha$$

用静–动法,设想木板重心下沉 dy

$$dy = L\cos\alpha d\alpha, \quad dx = 2L\sin\alpha d\alpha$$

根据德兰贝尔原理:

$$Wdy = Tdx$$

所以

$$T = \frac{W}{2}\cot\alpha$$

思考 如图 10.3 所示,一根均匀链子长 L,正好搭围在一个半圆环上,环的半径是 L/π,求链子上最大的张力?

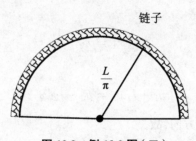

图 10.3 例 10.3 图(二)

例 10.4 如图 10.4 所示,两根杆光滑地铰链在 O 点,处于水平 x 方向,在 D 端沿竖直 y 方向受一冲量 P_0,求两杆的质心速度、每根杆的角速度和 O 点受到的冲量。

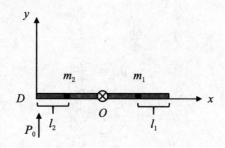

图 10.4 例 10.4 图

解 设右边杆的质量是 m_1，其质心加速度如下：

$$m_1\dot{x}_1 = -P_x$$
$$m_1\dot{y}_1 = -P_y$$

式中，P_x 与 P_y 是两根杆之间的相互作用力，其大小相等，方向相反，故有

$$m_2\dot{x}_2 = P_x$$
$$m_2\dot{y}_2 = P_y + P_0$$

绕各个杆质心的转动方程是

$$I_1\omega_1 = -P_y l_1$$
$$I_2\omega_2 = -P_y l_2 + P_0 l_2$$

在连接点 O 处

$$\dot{x}_1 = \dot{x}_2$$

以及

$$\dot{y}_1 + l_1\omega_1 = \dot{y}_2 - l_2\omega_2$$

由于冲量 P_0 沿 y 方向，故

$$\dot{x}_1 = \dot{x}_2 = 0$$
$$P_x = 0$$

当两根杆全同，$l_1 = l_2 = l, m_1 = m_2 = m, I_1 = I_2 = \dfrac{ml^2}{3}$，联立以上诸方程可解得

$$P_y = \frac{P_0}{4}$$
$$\dot{y}_1 = \frac{-P_0}{4m}$$
$$\dot{y}_2 = \frac{5P_0}{4m}$$
$$\omega_1 = \frac{-3P_0}{4ml}$$
$$\omega_2 = \frac{9P_0}{4ml}$$

例 10.5　如图 10.5 所示,一个半径为 R、质量为 M 的轮胎立在无摩擦桌面上,胎的边缘 A 点支挂在墙上,一个质量为 m 的虫子在轮胎内从 A 点出发以速度 v 相对轮胎爬而引起胎转动,问虫子在胎内走了半圈时,它相对于地面的速度是多少?

图 10.5　例 10.5 图

解　胎与桌面无摩擦,故胎沿只是绕边缘 A 点转动,转动惯量是 $2MR^2 = I$,绕 A 点的角动量是

$$J = I\omega = 2MR^2\omega$$

虫子在胎内走了半圈时,它相对地面的速度是 $v - 2R\omega$,$2R$ 是胎的直径,ω 是胎绕 A 点的瞬时角速度,由角动量守恒

$$2MR^2\omega = (v - 2R\omega)\,m2R$$

故

$$\omega = \frac{mv}{R\,(M + 2m)}$$

它相对于地面的速度是

$$v - 2R\omega = \frac{mv}{M + 2m}$$

例 10.6　如图 10.6 所示,求一块质量为 M 的均匀平薄板绕其一边做微小转动的周期。

解 想象将均匀平薄板分割成很多细杆,每根杆绕其端点的转动惯量是 $\frac{1}{3}ml^2$,故整块板的转动惯量是 $\frac{1}{3}Ml^2$,根据第 5 章介绍的关于摆的知识,其周期是

图 10.6　例 10.6 图

$$T = 2\pi\sqrt{\frac{\frac{1}{3}Ml^2}{Mg\frac{l}{2}}} = 2\pi\sqrt{\frac{2l}{3g}}$$

10.2　作与物理感觉对应的诗训练物理想象力

研习物理最好"何妨随处诗境观,无时不存顽童心。"反过来,作诗可以训练物理想象力,诗中之情趣与意境如有物理现象做铺垫,则读来丰满、踏实,觉得醍醐灌顶,如露入心。

"人生周期短似摆,梦境频率复如簧",这里将单摆与弹簧喻为人生。

诗曰:若有所思坐,煞无介事闲。待兔守株困,澡雪精神敛。云霞怎着色,潮汐何喧天。脑中走问题,坐卧必不安。

建立物理心像是长期训练的结果,不是一蹴而就。

诗曰:曾在学界留英名,登临足下任青云。琵琶乱弹听有调,乡音隔年仍识君。

诗曰:做诗不辨路纡徐,景过卧思有理趣。盲风送雨倒张伞,背向骑驴斟酌句。顺流而下求畅意,蹾级而上登浮屠。四顾谁握麒麟笔,却乘饶舌鹦鹉车。

诗曰:创作犯困更漏迟,眉垂眼重不辨字。肚内叽沽未备食,案前书籍乏唐诗。欲驱睡意盼有客,退而独酌酒一卮。品酿莫到身轻飘,梦蝶也须稳妥时。

诗曰:人间冷暖非气候,家备书卷作衣裘。畅意每从心得滋,问世

常困何所求。谐谑转自勤勉来，壮志只为桑榆酬。倦眼抬望壁上画，一池弘水荷叶秋。

诗曰：天在囧途赐知己，月落屋梁似有依。残云夜歇风停时，孤星寂寥银河里。唐寅画作山水伴，文王困识经纬易。往事恍惚野径萤，梦境犹在究物理。

诗曰：自己作诗自朗诵，孤芳自赏蛮惬意。佳句勉为沦风月，对仗自然蕴物理。心因诗涤变纯洁，人攀情愫采豪气。想起温卿未入仕，再咏茅店晨鸣鸡。

诗曰：研者好比采药客，攀山气象冬复春。青霭崖缝歇燕窝，白云闲处逢异人。倏忽过雨松舞风，须臾放晴鹤唳声。可惜眼拙少直觉，不识奇草落悔恨。

诗曰：月光一缕入胸怀，多日积郁终解开。崎岖行者方知颠，蹉跎苦僧枉有才。盘根错节歧路多，良机幸遇捷径在。仲秋夜静楼客少，天赐灵感珊珊来。

诗曰：晚境颓唐言木讷，意绪寡欢懒见客。每忆蹉跎辄酸鼻，惟探理趣有喜色。目眊神偏事易忘，搦管伸纸手得瑟。薄暮犹望皓兔升，便离亭榭上楼阁。

诗曰：想象偶比现实好，思陷囹圄可自陶。忆痛回眸荆棘路，作诗心谐江流涛。女因孤寂比嫦娥，蝉忌夜鸣引烦恼。潮汐甘为天籁声，疑是月行发牢骚。

这里将潮汐摩擦声比喻为月亮边行边发牢骚，就是一种想象，揶揄人生的牢骚实为天籁。

又如：一生旅行少，寻乐才作诗。想象仙人境，叹息悟性迟。万物自在理，百感互通时。偶尔得佳句，恍然到来世。

炉火纯青的想象力有做梦之感，有诗为证：夜吟诗句晨忘记，却是梦境尚清晰。茅草屋前问人面，断肠桥畔弹泪泣。婆姨装聋说天凉，樵子哼曲似哑谜。人世还是梦里好，无物也可寻觅觅（图 10.7）。

图 10.7 诗中的物理想象力（勤秀供图）

10.3 共存的矛盾心像触发想象力

爱因斯坦于 1905 年创立的狭义相对论,体现了一对共存的矛盾心像会触发想象力:一个心像是惯性系,即人们无法判定自己是处于静止状态,还是正在平稳地运动。另一个心像是,不管产生光的源其速度如何,光速都是一样的。这种心像就如同不论你是在静止的码头,还是在飞驰的快艇上用棍子搅动水,波浪一旦产生,就按照其自身的速度传播,与棍子的速度无关。

这两个心像,各有明显的合理性,可是把它们放在一起,是有矛盾的。这触发了爱因斯坦的想象力,提出了同时的相对性,使得这对矛盾的心像可以共存。

第 11 章 典型物理心像

物理心像往往解决大问题。

11.1 从弦上驻波模式数到光子模式计数

英国物理学家瑞利在 1900 年从 Maxwell 经典电磁能谱密度（确定频率的电磁驻波的模式密度）与统计物理学的粒子按能量分布函数（每个模式的平均能量）的角度出发提出一个关于热辐射的公式，即后来所谓的瑞利–金斯公式，这个公式的心像是将单位体积中的辐射看作是在黑体辐射腔壁上的驻波，在频率间隔 $\mathrm{d}\nu$ 范围内的模式数是 $\dfrac{8\pi}{c^3}\nu^2\mathrm{d}\nu$，每个驻波的平均能量都是

$$U = k_{\mathrm{B}}T$$

式中，k_B 是玻尔兹曼常数，$k_{\mathrm{B}} = 1.37 \times 10^{-23}$ J/K^{-1}，$k_{\mathrm{B}}T = 0.025852$ eV（T=300 K 时）。

如图 11.1 所示，回忆在 x 轴上一根长为 L 的弦上的驻波振动模式

$$y = A\sin kx \sin \omega t$$

振动模式定义为有一定 n 值的一个驻波

$$kL = n\pi$$

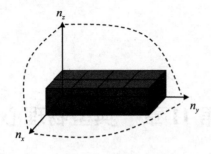

图 11.1　驻波振动

式中，n 是正整数，k 是波数。设弦上的波速是 c，波长 λ，有

$$k = \frac{2\pi}{\lambda}$$

$$\mathrm{d}k = \frac{-2\pi}{\lambda^2}\mathrm{d}\lambda$$

$$\omega = 2\pi\nu$$

$$c = \lambda\nu = \frac{\omega}{k}$$

计数在给定频率间隔中可能的 n 值，得到

$$\mathrm{d}n = \frac{L}{\pi}\mathrm{d}k = \frac{L}{\pi c}\mathrm{d}\omega = \frac{2L}{\lambda^2}\mathrm{d}\lambda$$

推广到三维情形，光的电场

$$E_x = E_0 \cos k_x x \sin k_y y \sin k_z z$$

$$\omega = c\sqrt{k_x^2 + k_y^2 + k_z^2}$$

$$k_i L = n_i \pi \qquad (i = x, y, z)$$

所以

$$\omega = \frac{\pi c}{L}\sqrt{n_x^2 + n_y^2 + n_z^2}$$

在 n_x, n_y, n_z 张成的数空间中记

$$n = \frac{\omega L}{\pi c}$$

如图 11.1 所示，在此数空间中的一个球体的 1/8 体积中

$$N = 2 \cdot \frac{1}{8} \cdot \frac{4}{3}\pi n^3 = 2 \cdot \frac{1}{8} \cdot \frac{4}{3}\pi \left(\frac{\omega L}{\pi c}\right)^3 = \frac{\omega^3 V}{3\pi^2 c^3} = \frac{8\pi V}{3\lambda^3}$$

微分之,并用 $\lambda = \dfrac{c}{\nu}$ 得到

$$dN = \frac{8\pi V}{\lambda^4}d\lambda = \frac{8\pi V}{c^3}\nu^2 d\nu$$

故在单位体积中的频率间隔在 $d\nu$ 范围内的数是 $\dfrac{8\pi V}{c^3}\nu^2$。

瑞利–金斯公式的内容是说辐射的能量密度应正比于绝对温度,而反比于所发射光线波长的平方。在长波区域,这一结果与实验符合得很好,为量子论的出现准备了条件。但是按照瑞利理论,随着波长的缩短(频率增高),蓝色、紫色光的辐射强度会无限制增大(因为瑞利理论对于电磁波分配到高频上的数目没有限制),这与实验结果吻合不好。于是经典物理的理论基础遭难了,称为"紫外灾难"。正所谓:"重岩叠嶂,隐天蔽日,迷惑失故路,薄暮正徘徊。"但是,在单位体积中的频率间隔在 $d\nu$ 范围内的数是 $\dfrac{8\pi V}{c^3}\nu^2$ 的结论仍是正确的。

11.2　惠更斯波动说的心像

历史上,牛顿的心像是:光是经典意义下的微粒。而荷兰物理学家惠更斯却不以为然,1678 年,他在法国科学院的一次演讲中公开反对了牛顿的光的微粒说。他说,如果光是微粒性的,那么光在交叉时就会因发生碰撞而改变方向。可当时人们并没有发现这现象,而且利用微粒说解释折射现象,将得到与实际相矛盾的结果。因此,惠更斯在1690 年出版的《光论》一书中正式提出了光的波动说,认为光的行进是由于微粒的振动,建立了著名的惠更斯原理。在此原理基础上,惠更斯推导出了光的反射和折射定律,圆满地解释了光速在光密介质中减小的原因,他在《光论》一书中写道:"若有人把若个大小相等极硬的物质球排成一条直线,使诸球相互接触。再用一个一样的 A 球去撞击排首第一个球。那么,排尾最后一球就在刹那间脱离队伍。而 A 球与队伍中的其他球纹丝不动(图 11.2)。"

这样的心像使得惠更斯提出了光的波动原理:波前的每一点可以认为是产生球面次波的点波源,而以后任何时刻的波前则可看作是这些次波的包络。

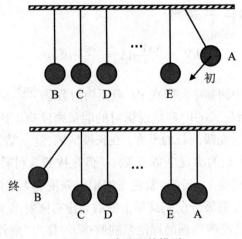

图 11.2　惠更斯的模型

11.3　爱因斯坦关于光子说的心像

在普朗克提出腔壁振子的能量辐射是分立的以后,爱因斯坦重新思考光的本性,他的思路如下:

他首先注意到普朗克曾用热力学玻尔兹曼熵与热力学概率的关系,在假定能量不连续后,导出了辐射公式所对应的熵的形式,从而确定线性振子的能量元为 $h\nu$。但是,普朗克考虑的仅仅是空腔壁的振子。爱因斯坦要处理的是所有光辐射的量子化。为了避免重复普朗克的思路,爱因斯坦是从热辐射的维恩公式出发,直接计算空腔壁体积减小时单色辐射熵的减小,与压缩理想气体的体积减小时熵的变化作比较,发现十分相似。于是他作出假定,在维恩定律成立的范围内,在高频段,辐射在热力学意义下就由能量量子所构成。爱因斯坦在处理充斥在体积 V_0 中频率为 ν,能量为 E 的单色辐射波问题时,采用了光子气的观点:光的能量在空间不是连续分布的,而是由空间各点的不可再分割的能量子组成。爱因斯坦把这个设想以题为《关于光的产生和转换的一种观点》发表了文章,因为他认为这不是严格的证明。

爱因斯坦又认真研究了普朗克所指出的热辐射过程中能量变化的非连续性,进而指出在光的传播过程中情况也是如此:当一束光从点光源发出时,它的能量不是随体积增大而连续分布,而是包含一定数量的能量量子……不随运动而分裂。一束光是相同能量的能量子流。

爱因斯坦的心像:光是像放机关枪那样被射出,又是像雨滴那样在空中飞,只是雨滴太密集,人眼看不出它是断续的。光子(静止质量为零)能量–动量公式为

$$E = h\nu$$
$$p = \frac{E}{c}$$

利用这个观点,爱因斯坦解释了光电效应:说明具有一定能量的入射光与原子相互作用,单个光子把它的全部能量交给原子中某壳层上的一个受束缚的电子,后者克服结合能后将剩余能作为动能射出。成为光电子。此即光电效应。(1887 年赫兹观察到:两个带电小球之间的电压较小时,如用高于移动频率的光照亮阴极,则两球之间有火花掠过。)

很难想象波传达到金属表面上能将电子逼出来,一定是粒子(而不是波)把电子轰击出来,而且入射光线的波长有个极限值,一旦超过此值,电子就轰不出来了。

如今测量普朗克常数,也是利用光电效应的原理。

11.4　德布罗意关于"物质波"的心像

1905 年,爱因斯坦提出了光电效应的光量子解释,人们开始意识到光波同时具有波和粒子的双重性质。1924 年,法国物理学家德布罗意提出"物质波"假说,认为和光一样,一切物质都具有波粒二象性。根据这一假说,电子也会具有干涉和衍射等波动现象,这被后来的电子衍射实验所证实。

德布罗意关于波粒二象性的心像来源:

对于普朗克在 1900 年提出的能量量子的学说,德布罗意的第一个反应是不满意。因为普朗克是用 $E = h\nu$ 这个关系式来确定光微粒

能量的，h 是普朗克常数，式子中包含着频率 ν。可是纯粹的粒子理论不包含任何定义频率的因素。另一个问题是，确定原子中电子的稳定运动涉及整数，而至今物理学只有波的干涉与本征振动现象（如驻波）涉及整数，有周期的概念基频、倍频。这使得德布罗意想到不能用简单的微粒来描述电子本身，还应该赋予它周期的概念，在所有情形下，都必须假设微粒伴随着波存在。这需要把原子看作某种乐器，乐器的发音有基音与泛音。

由于德布罗意年轻时参加过第一次世界大战，在一个气象观测队里服役，因此每日都盯着天气……不久，他觉得要了解天气莫过于在野外观察青蛙，战争时他一直和青蛙生活在一起。青蛙跳水时的圆形波纹提示他想到了电子的运动条件随着某种"导航波"整个波嵌入一个定态轨道，物质的量子状态与谐振现象有密切关系了！从几何光学的最短光程原理和经典粒子服从的最小作用量原理的相似性，德布罗意导出了物质波公式：

$$p = \frac{h}{\lambda}$$
$$E = h\nu$$

当 r_n 是玻尔理论中的电子轨道半径时，n 个波正好嵌在圆内，将电子动量 $p = \frac{h}{\lambda}$ 代入 $n\lambda = 2\pi r_n$，就得到得玻尔量子化条件

$$pr_n = nh$$

11.5 海森伯改进玻尔原子轨道模型的心像

玻尔关于原子辐射的心像是将电子运动看作圆轨道，它能给出光谱的巴尔末公式，但不能解释光谱的强度。海森伯换了一个心像，即注意到原子辐射不仅与电子的初态有关，而且也与其终态有关，于是他将电子振动的复振幅 X_i 改换成与初态和末态都有关的 $X_{f,i}$，恰巧吻合矩阵的形式，从此开创了量子力学的矩阵叙述。

11.6　量子力学的一种心像：阐述自然界光的生–灭机制的一门学科

量子力学理论可以直接从光子的产生–湮灭的观点出发来阐述。为什么这么讲呢？

在自然界中，生–灭既是暂态过程，又是永恒的。暂者绵之永，短者引之长，故而生灭不息。"不生不灭"说，不生不得言有，不灭不得言无，注意不是"不灭不生"。这表明生和灭是有次序的，对于特指的个体，终是生在前，灭在后。这恰好可以用产生–湮灭算符的非对易性描述。而且，光的耗散和扩散过程也体现出非对易性。

从物理发展史看，牛顿力学和拉格朗日–汉密尔顿的分析力学只是描写宏观物体的运动规律；电磁学也没有描写光的生–灭机制，例如打雷时光的闪和灭的机制，尽管把闪电归结到正负电荷之间的放电是电磁学的一大看点，但只是浅尝辄止。经典光学只讨论光在传播过程中的干涉、衍射和偏振。麦克斯韦经发展出光的电磁波理论，把光认同是电磁场，光看作是由电磁波组成的，把每一个波作为一个振子来处理，这体现了光的波动说。但它们都不涉及自然界中光的生–灭（例如光的吸收和辐射）这一无时无刻不在发生的现象，即没有讨论光的产生和湮灭机制。

普朗克首先指出太阳的光谱就是遵循量子论的，太阳光作为有限的电磁能在一组电磁振子中的分布，低频的多，高频的少，所以不在阳光下暴晒是晒不死人的。

爱因斯坦然后把光看作为光子，成功地解释了光电效应，每个光子态对应于电磁场的一个振子。他指出："用连续空间函数进行工作的光的波动理论，在描述纯光学现象时，曾显得非常合适，或许完全没有用另一种理论来代替的必要，但是必须看到，一切光学观察都和时间平均值有关，而不是和瞬时值有关的，而且尽管衍射、反射、折射、色散等理论完全为实验所证实，但还是可以设想，用连续空间函数进行工作的光的理论，当应用于光的产生和转化等现象时，会导致与经典相矛盾的结果。……在我看来……有关光的产生和转化的现象所得到的各种观察,如用光的能量在空间中不是连续分布的这种假说来说明,似乎更容易理解。"接着,狄拉克把电磁辐射当作是作用于原子体系的外部微扰所引起原子能态的跃迁,在跃迁时可以吸收或发射量子。可见想要认知光的量子本性,首先要有一个描述光子的产生和湮灭的表象。就像我们看到电闪雷鸣是在浩瀚的天空中发生的那样,阐述光的产生和湮灭也要有一个人们构想的理论"空间",这就是光子数表象。

要直观地介绍光子数表象,以谐振子的量子化(量子的产生和湮灭机制)为例来阐述是较容易被接受的。这样做是因为考虑到:从谐振子的经典振动本征模式容易过渡为量子能级。

经典力学中弦振动是一种典型的谐振子运动,两端称为波节,当两端固定的弦的长度为 L, 则弦长必须是振荡波半波长的整数倍,这样整个弦长正好嵌入整数个半波长。弦的振动有基频与泛频,因此谐振子的量子化既能保持与经典情形类似的特性,又符合德布罗意波的特征。虽然经典光学中没有光产生和湮灭的理论,但谐振子的振动可产生波,若将此与德布罗意的波–粒两象性参照,光波的产生就对应产生光子(或牵强地说:粒子伴随着一个波),所以要使理论能描述光量子的产生和湮灭,就得把谐振子各种本征振动模式比拟为一个"光子库"。鉴于经典谐振子有它的本征振动模式,按整数标记,所以量子谐振子也有它的本征振动模式——光子态,记为 $|n\rangle$, $n = 0, 1, 2, 3 \cdots$代表量子谐振子的能级,其集合就是光场的"量子库"。

把 $|n\rangle$ 看作是一个盛 n 元钱的口袋, $a^{\dagger}a$ 就表示"数"钱的操作(算符)。具体说,对 $|n\rangle$ 以 a 作用,表示从口袋里取出 1 元钱, $n \rightarrow n-1$, 再放回口袋去(此操作以 $a^{\dagger}$ 对 $|n-1\rangle$ 表示),又变回到 n,这相当于"数"钱的操作,因为手里还是空的,口袋里还是 n 元钱。表明 $|n\rangle$ 是 $a^{\dagger}a$ 的本征态,体现粒子性:

$$a^{\dagger}a|n\rangle = n|n\rangle \qquad (a^{\dagger}a \equiv N)$$

另一方面,若在口袋里已经存在 1 元钱,记为 $a^{\dagger}|0\rangle$, $|0\rangle$ 代表没有钱的状态,用手取出,即以湮灭算符作用之,手里就有 1 元, $aa^{\dagger}$ 表示先产生,后湮灭,就可以理解

$$[a, a^{\dagger}] = aa^{\dagger} - a^{\dagger}a = 1$$

这个 1 代表这 1 元钱实际已在手里,所以 $a^\dagger$ 是产生算符,a 是湮灭算符,两者是不可交换的,这就是量子力学的基本对易关系,就是"不生不灭"说,不生不得言有,不灭不得言无,注意不是"不灭不生"。这表明生和灭是有次序的,对于特指的个体,终是生在前,灭在后。我们人类的每一员也是如此,先诞生,后逝世。

当口袋里没有钱(以 $|0\rangle$ 表示)就无法再从中取钱,所以

$$a\,|0\rangle = 0$$

$|0\rangle$ 被称为是真空态。从 a 与 $a^\dagger$ 引入

$$X = \sqrt{\frac{\hbar}{2m\omega}}\,(a^\dagger + a)$$

根据玻尔的观点,物理学家关心的是对现实创造出新心像,即隐喻,我们可以说,上式右边 $(a^\dagger + a)$ 是产生和湮灭共同起作用,表示粒子既在此、又不在此的存在,是真的存在,反映新陈代谢,故 X 是代表坐标算符。另一方面,把虚数 i 理解为在一个缥缈的"虚空间",从而用 a 与 $a^\dagger$ 又引入

$$P = \mathrm{i}\sqrt{\frac{m\omega\hbar}{2}}\,(a^\dagger - a)$$

上式右边 $(a^\dagger - a)$ 可以理解为产生的作用扣除湮灭的影响,粒子在"虚空间"中运动起来,"稍纵即逝",故而算符 P 理解为动量,由 $[a,a^\dagger] = 1$ 给出

$$[X,P] = \mathrm{i}\hbar$$

这就是玻恩-海森伯对易关系。所以我们可以从自然界光的生-灭机制来解读量子力学的必然。

11.7　关于量子纠缠的经典物理心像

★ 形影不离的量子纠缠

从量子力学诞生之日起,它的经典对应(或类比)一直是物理学家关心的话题。量子力学中的很多概念有经典对应或类比,如平移、转

动和宇称等,狄拉克认为量子幺正变换是经典正则变换的对应,但也有不存在经典对应的例子,如自旋。正如麦克斯韦所说,物理类比是发展物理学的一个途径,那么量子纠缠有没有经典对应(或类比)呢?换言之,量子纠缠的心像是什么?

在介观电路量子化的框架中,带有互感的两个介观电容–电感(LC)回路,其互感是产生量子纠缠的源头,我们用量子力学方法可以求出其特征频率的公式,与它如下描述的一个经典系统的小振动频率的表达式有相似之处,可见两者有可比拟之处。该经典系统如图11.3 所示,两个墙壁之间各连一个相同的弹簧,弹簧系数是 k,两个弹簧之间接着一个滑动小车 m_1 可以在光滑的桌面上运动,小车挂有一根长为 l 的单摆,摆球质量是 m_2,求系统的小振动频率。单摆的摆动会造成小车来回振动,摆、小车和弹簧的互相牵制,晃动效应反映了小车和摆的"纠缠"。

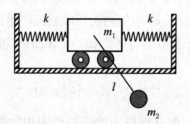

图 11.3　小振动频率系统

记得李煜写的诗句"剪不断理还乱"吗?量子纠缠是不是会越理越乱呢?对量子纠缠我还有一句成语相送,即"形影不离",两个纠结体的质心和相对动量是可以同时测量的,无论两者相对动量多么大,其 (质) 心永结,因为这两个算符对易。对于形影不离的两物体,我们的研究表明这两个算符本征矢量不是物理的态矢,想测其中一个而使另一个塌缩也是空话,所以对量子纠缠的研究是很艰难的挑战。量子之父普朗克曾说过,有些课题,光怪陆离,很吸引人,但会耗尽人力物力,然而其收效难以估说。

第 12 章　从恍惚的心像到猜测题解、编题与构思实验

12.1　养成先猜题解的习惯

解有些物理题,不知如何下手,如何切入,如同站在悬崖陡壁上,无处踏足。这时,就要靠恍惚心像试探着、猜测着做。训练直觉,积累久了,就有意想不到的收获。

例 12.1　如图 12.1 所示,一个单摆其(摆杆质量不计)上端用圆柱形铰链系在一个吊扇轴上摆动,而吊扇轴以角速度 ω 转动,求此摆的小振动周期。

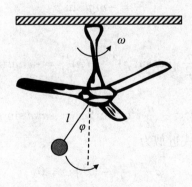

图 12.1　例 12.1 图

朦胧心像猜测：普通摆的小振动周期

$$T = \frac{2\pi}{\sqrt{\dfrac{g}{l}}}$$

将摆杆附着在转轴上摆锤摆动平面得到一个牵连速度 $\omega l \sin\varphi$，故猜测此摆的小振动周期为

$$\frac{2\pi}{\sqrt{\dfrac{g}{l} - \omega^2}}$$

解 设摆角为 φ，摆锤相对地面的速度为

$$\boldsymbol{v} = \omega l \sin\varphi\,\hat{e}_1 + l\dot\varphi\,\hat{e}_2$$

大小为

$$\sqrt{(\omega l \sin\varphi)^2 + (l\dot\varphi)^2}$$

动能为

$$\frac{m}{2}\left[(\omega l \sin\varphi)^2 + (l\dot\varphi)^2\right]$$

我们在《物理感觉从悟到通》中已经说明

$$\frac{\mathrm{d}}{\mathrm{d}t} \cdot \frac{\partial T}{\partial v} = \frac{\mathrm{d}}{\mathrm{d}t} \cdot \frac{\partial}{\partial v} \cdot \frac{1}{2}mv^2 = \frac{\mathrm{d}}{\mathrm{d}t}mv = ma = F$$

本题中摆锤受力

$$F = -mgl\sin\varphi$$

运动方程

$$\frac{\mathrm{d}}{\mathrm{d}t} \cdot \frac{m}{2}\left[(\omega l \sin\varphi)^2 + (l\dot\varphi)^2\right] = -mgl\sin\varphi$$

即为

$$ml^2\ddot\varphi - \frac{m}{2}l^2\omega^2\sin 2\varphi = -mgl\sin\varphi$$

因 $\sin 2\varphi \approx 2\varphi$，上式近似为

$$\ddot\varphi + \left(\frac{g}{l} - \omega^2\right)\varphi = 0$$

此摆的小振动周期

$$T = \frac{2\pi}{\sqrt{\dfrac{g}{l} - \omega^2}}$$

当 $\dfrac{g}{l} \succ \omega^2$，是稳定摆动。

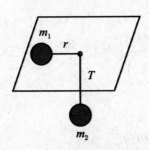

图 12.2　例 12.2 图

例 12.2　如图 12.2 所示，桌面上有一个洞，一根弦穿过洞两端各系 m_1 与 m_2，让 m_1 绕洞做匀速圆周运动，求此运动稳定下来的规律。

朦胧心像猜测：运动稳定情形下应该是个谐振动。若 m_1 转速提高，m_2 要上升，又有返回原位趋势，故而谐振起来：

$$m_1 \left(\ddot{r} - r\dot{\theta}^2 \right) = -T$$

$$T - m_2 g = m_2 \ddot{r}$$

联立得到

$$(m_1 + m_2) \ddot{r} - m_1 r\dot{\theta}^2 = -m_2 g$$

令 J 是角动量

$$m_1 r^2 \dot{\theta} = J$$

$$\dot{\theta} = \frac{J}{m_1 r^2}$$

结合得到

$$(m_1 + m_2) \ddot{r} - \frac{J^2}{m_1 r^3} = -m_2 g$$

当 m_1 绕洞做匀速圆周运动 $\ddot{r} = 0$，有

$$J^2 = m_1 m_2 g r_0^3$$

受到微扰 $r = r_0 + x, \ddot{r} = 0$，此时

$$(m_1 + m_2) \ddot{x} - \frac{m_2 g r_0^3}{(r_0 + x)^3} = -m_2 g$$

$$(m_1 + m_2) \ddot{x} + m_2 g \left[1 - \frac{r_0^3}{(r_0 + x)^3} \right] = 0$$

因为 x 是小量，

$$\frac{r_0^3}{(r_0+x)^3} = \frac{1}{\left(1+\dfrac{x}{r_0}\right)^3} \cong 1 - \frac{3x}{r_0}$$

代回上式得

$$(m_1+m_2)\ddot{x} + m_2 g\frac{3x}{r_0} = 0$$

$$\omega = \sqrt{\frac{3m_2 g}{(m_1+m_2)r_0}}$$

例 12.3　我们在《物理感觉
从悟到通启蒙读本》中已经说明
两物体引力相互作用中每个个
体的转动周期为

$$T = 2\pi L\sqrt{\frac{L}{G(m+M)}}$$

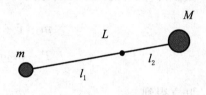

图 12.3　例 12.3 图

这里再解：如图 12.3 所示，m 与
M 的距离是 L，质心位置

$$l_1 = \frac{ML}{m+M}$$

$$l_2 = \frac{mL}{m+M}$$

对于 m，引力

$$f = \frac{GmM}{L^2}$$

其向心加速度

$$a = \frac{v^2}{l_1}$$

故

$$m\frac{v^2}{l_1} = \frac{GmM}{L^2}$$

于是

$$v^2 = \frac{GM}{L}\frac{l_1}{L} = \frac{GM}{L}\frac{M}{m+M}$$

给出

$$T_1 = 2\pi\frac{l_1}{v} = 2\pi L\sqrt{\frac{L}{G(m+M)}}$$

问：不等质量的三个星体处于等边三角形 3 个顶点时，每个星体的运动周期是多少？

从恍惚心像猜测出

$$T = 2\pi L \sqrt{\frac{L}{G\,(m + M + M')}}$$

例 12.4　如图 12.4 所示，一根轻弹簧的原长是 l，两头各连 m_1 和 m_2 放在光滑水平面上，给 m_1 以一个水平方向冲量 P，求 m_2 何时受感启动，启动距离多大？

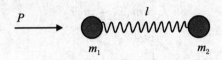

图 12.4　例 12.4 图

恍惚心像给出经过时间 $t = 2\pi/\omega$ 后，m_2 受感启动，ω 是系统本征频率。以下验证这一点：

$$m_1 \ddot{x}_1 = k(x_2 - x_1 - l)$$
$$m_2 \ddot{x}_2 = -k(x_2 - x_1 - l)$$
$$\ddot{x}_2 - \ddot{x}_1 = -\frac{k\,(m_1 + m_2)\,(x_2 - x_1 - l)}{m_1 m_2}$$

令 $(x_2 - x_1 - l) = y$，则

$$\ddot{y} + \frac{k\,(m_1 + m_2)}{m_1 m_2} y = 0$$

弹簧的振动频率为

$$\frac{k\,(m_1 + m_2)}{m_1 m_2} = \omega^2$$
$$y = x_2 - x_1 - l = A \cos(\omega t + \theta)$$
$$\dot{y} = \dot{x}_2 - \dot{x}_1 = -A\omega \sin(\omega t + \theta)$$

初始条件

$$x_1 = 0, \quad x_2 = l, \quad \dot{x}_2 = 0, \quad \dot{x}_1 = \frac{I}{m_1}$$

定出

$$A \cos \theta = 0$$
$$A \omega \sin \theta = \frac{I}{m_1}$$
$$\theta = \frac{\pi}{2}$$
$$A = \frac{I}{m_1 \omega}$$
$$x_2 - x_1 - l = \frac{I}{m_1 \omega} \cos \left(\omega t + \frac{\pi}{2} \right)$$

由冲量守恒得

$$I = m_1 \dot{x}_1 + m_2 \dot{x}_2$$

积分得到

$$\int_0^t I \mathrm{d}t = m_1 \int_0^t \dot{x}_1 \mathrm{d}t + m_2 \int_0^t \dot{x}_2 \mathrm{d}t = m_2$$

或

$$m_1 x_1 (t) + m_2 [x_2 (t) - l] = It$$

联立

$$x_2 (t) - x_1 (t) - l = \frac{I}{m_1 \omega} \cos \left(\omega t + \frac{\pi}{2} \right)$$

可得

$$x_1 (t) = \frac{It - m_2 [x_2 (t) - l]}{m_1}$$

以及

$$m_1 x_2 (t) - It + m_2 [x_2 (t) - l] - m_1 l = \frac{I}{\omega} \cos \left(\omega t + \frac{\pi}{2} \right)$$

所以

$$x_2 (t) = l + \frac{It}{m_1 + m_2} - \frac{I \sin (\omega t)}{\omega (m_1 + m_2)}$$
$$\frac{\mathrm{d}x_2 (t)}{\mathrm{d}t} = \frac{I}{m_1 + m_2} [1 - \cos (\omega t)] = 0$$

所以 $\cos (\omega t) = 1, \omega t = 2\pi, m_2$ 在经过 t 时后受感启动,有

$$t = \frac{2\pi}{\omega} = \frac{2\pi}{\sqrt{\dfrac{m_1 m_2}{k (m_1 + m_2)}}}$$

启动距离

$$x_2\left(2\pi\right) - l = \frac{2\pi I}{\omega\left(m_1 + m_2\right)} = 2\pi I \sqrt{\frac{m_1 m_2}{k\left(m_1 + m_2\right)^3}}$$

与 I 成正比。

例 12.5　如图 12.5 所示,把上题的对第一粒子 m_1 的外冲量改为竖直方向,速度是 v_0,问联系两粒子的弹簧能够伸长多少(设两粒子的质量相同)?

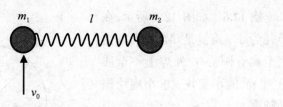

图 12.5　例 12.5 图

解　由动量守恒,$mv_0 = 2mv$,$v = \frac{v_0}{2}$,相对地面质心速度 $v_c = \frac{v_0}{2}$,在质心参考系,第一粒子相对质心速度为 $\frac{v_0}{2}$,第二粒子相对质心速度大小也是 $\frac{v_0}{2}$,但方向相反。弹簧在伸长过程中,由能量守恒:

$$2 \cdot \frac{1}{2} m \left(\frac{v_0}{2}\right)^2 = 2 \cdot \frac{1}{2} mv^2 + \frac{1}{2} k\left(l - l_0\right)^2$$

两粒子动量矩方向一致,弹簧在伸长过程中动量矩守恒:

$$2m \frac{l_0}{2} \cdot \frac{v_0}{2} = 2mv \frac{l}{2}$$

将 $\frac{l_0 v_0}{l} = 2v$ 代入得

$$m \frac{v_0^2}{4} - m \left(\frac{l_0 v_0}{2l}\right)^2 = \frac{1}{2} k\left(l - l_0\right)^2$$

即当弹簧伸长时

$$\frac{1}{2} k\left(l - l_0\right)^2 = m \frac{v_0^2}{4} \left(1 - \frac{l_0^2}{l^2}\right)$$

$$= m\frac{v_0^2}{4}\frac{l+l_0}{l^2}\Delta l$$

$$\approx m\frac{v_0^2}{4}\left(2\frac{1}{l_0}\right)\Delta l$$

$$k\left(\Delta l\right)^2 \approx \frac{\Delta l m v_0^2}{l_0}$$

相对伸长

$$\frac{\Delta l}{l_0} \approx \frac{m v_0^2}{k l_0^2}$$

比正于 v_0^2。

例 12.6 如图 12.6 所示,在半径为 R,质量是 M 的大圆盘面上离开圆心 r 处焊上一个质量为 m 的小扁块,求小扁块振动频率 ω。

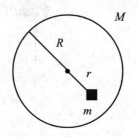

解 以圆心为零势能位置,质量 m 的势能

$$-mgr\left(1-\cos\theta\right) \approx -\frac{\theta^2}{2}$$

图 12.6 例 12.6 图

圆心速度 $v_0 = \omega R$,焊块速度 $(v_0 - r\omega)$,振动时系统动能为

$$\frac{M}{2}v_0^2 + \frac{1}{2}\left(\frac{M}{2}R^2\right)\omega^2 + \frac{m}{2}\left(v_0 - r\omega\right)^2$$

$$= \left[\frac{3}{4}MR^2 + \frac{m}{2}\left(R-r\right)^2\right]\omega^2$$

由能量守恒,得

$$\left[\frac{3}{4}MR^2 + \frac{m}{2}\left(R-r\right)^2\right]\omega^2 = mgr\left(1-\cos\theta\right) \approx -mgr\frac{\theta^2}{2}$$

微商得到

$$\frac{\mathrm{d}}{\mathrm{d}t}\left[\frac{3}{4}MR^2 + \frac{m}{2}\left(R-r\right)^2\right]\omega^2 = 2\left[\frac{3}{4}MR^2 + \frac{m}{2}\left(R-r\right)^2\right]\omega\frac{\mathrm{d}}{\mathrm{d}t}\omega$$

$$\approx \frac{\mathrm{d}}{\mathrm{d}t}mgr\frac{\theta^2}{2}$$

$$= -\theta mgr\omega$$

即

$$\left[\frac{3}{2}MR^2+m\left(R-r\right)^2\right]\ddot{\theta}+mgr\theta=0$$

故

$$\omega=\sqrt{\frac{2mgr}{3MR^2+m\left(R-r\right)^2}}$$

另法：根据《物理感觉从悟到通》2.2 节所叙述，频率是 $\sqrt{\dfrac{\text{最大势能}}{\text{最大动能}}}$。当 $\theta=\dfrac{\pi}{2}$ 时，势能最大，势能与动能比值如下：

$$\frac{\text{势能}}{\text{动能}}=\frac{mgr}{\omega^2\left[\dfrac{3}{4}MR^2+\dfrac{m}{2}\left(R-r\right)^2\right]}$$

因此

$$\omega=\frac{2mgr}{3MR^2+2m\left(R-r\right)^2}$$

例 12.7　如图 12.7 所示，水平光滑地面上有一大斜面块，仰角是 α，块顶上面一根固定弹簧系一质量为 m 的小三角块，它可在斜面上自由下滑，弹簧的刚性系数是 k，求振动频率。

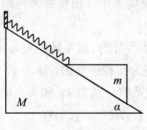

图 12.7　例 12.7 图

提示　记得在《物理感觉从悟到通》的 1.2.2 节中，曾算出了此系统中（无弹簧系着）小三角块沿着斜面的下滑加速度为

$$a=g\sin\alpha\frac{m+M}{m\sin^2\alpha+M}$$

所以猜测本题中的振动频率

$$\omega=\sqrt{\frac{k}{\mu}}$$

μ 是广义折合质量

$$\mu=\frac{m\left(m\sin^2\alpha+M\right)}{m+M}$$

12.2　通过建立心像自编习题

以摆动和振动举例如下：

例 12.8　如图 12.8 所示，光滑水平面上放置两小球 A 和 B，其质量分别为 m 和 M，两球之间用两根不同的刚性系数分别为 k_1' 和 k_2' 的轻弹簧相连接，P 为两轻弹簧连接点，弹簧的总长度为 l。现用手将两小球沿水平方向拉伸，然后松手，求系统振动的频率。

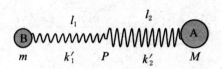

图 12.8　例 12.8 图

说明：此题为新编习题，之前的习题均为用一根轻弹簧将两球相连接。

分析与解　系统振动时，由于不受水平外力，故系统的质心 C 位置不动也不变，质心 C 两边的振动可视为互相独立的。质心 C 不与 P 重合，现在从质心看，左右两边弹簧的系数分别为 k_1 和 k_2，这是待求的，质心 C 的位置为坐标原点，$AC = l_1$，$BC = l_2$，则有

$$-ml_1 + Ml_2 = 0$$

即

$$\frac{l_1}{l_2} = \frac{M}{m}$$

$$\frac{l_1}{l} = \frac{M}{M+m}$$

$$\frac{l_2}{l} = \frac{m}{M+m}$$

又设某时刻弹簧的总伸长量为 x，尽管两弹簧不同，但两弹簧上的张力各处相等，分配给质心左右两边弹簧的伸长量分别为 $\frac{l_1}{l}x$ 和 $\frac{l_2}{l}x$。

记两根弹簧串联的劲度系数为 k'，则

$$\frac{1}{k'} = \frac{1}{k'_1} + \frac{1}{k'_2}$$

于是

$$k_1 \frac{l_1}{l} x = k' x = k_2 \frac{l_2}{l} x$$

又得

$$k_1 = \frac{l}{l_1} k' = \frac{M+m}{M} k'$$

$$k_2 = \frac{l}{l_2} k' = \frac{M+m}{m} k'$$

从质心仅往左边看，左边振子频率为

$$\frac{1}{\omega_1} = \sqrt{\frac{m}{k_1}} = \sqrt{\frac{mM}{(M+m)\,k'}}$$

右边振子频率为

$$\frac{1}{\omega_2} = \sqrt{\frac{M}{k_2}} = \sqrt{\frac{mM}{(M+m)\,k'}}$$

系统振动的频率为

$$\omega = \sqrt{\frac{(M+m)\,k'}{mM}} = \sqrt{\frac{(M+m)\,k'_1 k'_2}{(k'_1 + k'_2)\,mM}} = \sqrt{\frac{k'}{\mu}}$$

其中 $\dfrac{Mm}{M+m} = \mu$ 为折合质量，$k' = \dfrac{k'_1 k'_2}{k'_1 + k'_2}$ 是两根弹簧串联的劲度系数，于是

$$\omega = \sqrt{\frac{k'}{\mu}}$$

从远处看，眼睛不能分辨两个物体的振动，似乎是一个物体在振动。

例 12.9　拓展变式 1　若将上面的系统用两根等长的轻绳 l 悬挂起来，仍用上述方法拉伸后振动，求系统的振动频率？

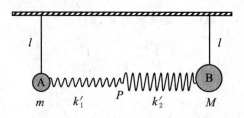

图 12.9　例 12.9 图（一）

分析与解　对振动系统而言，可以看成单摆和弹簧的并联，因为摆球的偏离量和弹簧的伸长量相同，且弹簧的弹力与小球受到的重力使小球运动的趋势一致，摆球的回复力与弹簧的回复力一致。单摆的回复力近似为 $-\dfrac{mg}{l}x$，系统的回复系数为 $\dfrac{mg}{l}+k'$。故

$$\omega' = \sqrt{\frac{g}{l} + \frac{(M+m)\,k_1'k_2'}{(k_1'+k_2')\,mM}}$$

上题中两个弹簧是同点串联，还可以推广到"非同点"串联。见例 12.10。

拓展变式 2　如图 12.10 所示。

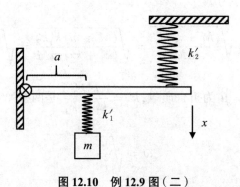

图 12.10　例 12.9 图（二）

分析与解　两个弹簧不在同一点串联，而是隔了一段距离，当弹簧 k_2' 的竖直方向位移为 x 时，物块 m 的位移为 $\dfrac{a}{l}x$，故相对于 k_2'，

k_1' 实际起的作用是 $\dfrac{a^2}{l^2}k_1'$，串联弹簧值是 $\dfrac{k_1'k_2'}{\dfrac{a^2}{l^2}k_1'+k_2'}$，故而有

$$\omega'' = \sqrt{\dfrac{k_1'k_2'}{\dfrac{a^2}{l^2}k_1'+k_2'}}$$

小结：综上可见，自编的习题有这样三个特点：

（1）二体运动突显质心的作用，自然地引入折合质量的概念；

（2）强化了串联弹簧的性质，又分为同点串联与不同点串联；

（3）给出了单摆摆动与弹簧振动的"并联"。

以上 3 例自编的习题既有综合性也有类比性和拓展性，既全面又灵活。

在《物理感觉从悟到通》中我们给出了研究振动系统简正频率的新方法——范氏波动法，其心像是：

从振动的传播着手来研究振动系统简正频率。设 W 是与振子位移和动量有关的物理量，经过一段时间的演化，如果没有衰减，其传播出去的波应该会重现其原始模样，这是其周期性决定的。而振动是行进中的波的瞬时造影，基于这个物理考虑，笔者范洪义想出了一个研究振动系统简正频率的新方法——波动法。

必有某个物理量 W，在经历一段时间（超过一周期）的演化过程中应该会重现其原始模样 W，数学上表达为波动方程的形式

$$\dfrac{\mathrm{d}^2 W}{\mathrm{d}t^2} = \{H,\{H,W\}\} = fW$$

其中，$(-f)$ 恰为振子的 ω^2，括弧 $\{H,W\}$ 的意思是

$$\{H,W\} = \dfrac{\partial H}{\partial x}\cdot\dfrac{\partial W}{\partial p} - \dfrac{\partial H}{\partial p}\cdot\dfrac{\partial W}{\partial x}$$

此方程称为拟波动方程。这就是我们重读经典物理的"振动和波"部分的新心像。

现在我们严格推导一根弹簧耦合两个系统的振动模式。

从图 12.10 中观测得到，令 x_1,x_2 分别是两个物体的位移，p_1,p_2 是其动量，弹簧伸长 (x_1-x_2)。故而定下能量：

$$H_3 = \dfrac{p_1^2}{2m} + \dfrac{p_2^2}{2M} + \dfrac{1}{2}k(x_1-x_2)^2$$

设在波动过程中能重现其原始模样的物理量 W 是

$$W = \lambda p_1 + \mu p_2$$

(λ, μ) 是待定的参数，从

$$\{p, x\} = -1$$

计算

$$\{p_1, H\} = -k(x_1 - x_2)$$
$$\{p_2, H\} = k(x_1 - x_2)$$

于是

$$\begin{aligned}
\{W, H\} &= \{\lambda p_1 + \mu p_2, H\} \\
&= -\lambda k(x_1 - x_2) + \mu k(x_1 - x_2) \\
&= k(\mu - \lambda) x_1 + k x_2 (\lambda - \mu)
\end{aligned}$$

再用

$$\{x_1, H\} = \frac{p_1}{m}, \quad \{x_2, H\} = \frac{p_2}{M}$$

计算

$$\begin{aligned}
\{\{W, H\}, H\} &= \{k(\mu - \lambda) x_1 + k x_2 (\lambda - \mu), H\} \\
&= p_1 (\mu - \lambda) \frac{k}{m} + p_2 (\lambda - \mu) \frac{k}{M}
\end{aligned}$$

根据波动方程

$$\frac{\mathrm{d}^2 W}{\mathrm{d}t^2} = \{H, \{H, W\}\} = fW$$

让上式等于

$$fW = f(\lambda p_1 + \mu p_2)$$

导出

$$(\mu - \lambda) \frac{k}{m} = f\lambda$$
$$-(\mu - \lambda) \frac{k}{M} = f\mu$$

联立得到

$$\left(\mu - \lambda\right)\left(\frac{k}{m} + \frac{k}{M}\right) = \left(\mu - \lambda\right)\left(-f\right)$$

所以 $-f = \omega^2$,振动频率为

$$\omega = \sqrt{\frac{k}{\mu}}$$

$$\frac{1}{\mu} = \frac{1}{m} + \frac{1}{M} = \frac{m+M}{mM}$$

思考 1　如图 12.10 所示回路的谐振频率

$$H = \frac{p_1^2}{2AL_1} + \frac{p_2^2}{2AL_2} - \frac{M}{AL_1L_2}p_1p_2 + \frac{1}{2}\cdot\frac{(q_1-q_2)^2}{C}$$

其中

$$A = 1 - \frac{M^2}{L_1L_2}$$

所以等效的简正频率为

$$\omega = \sqrt{\frac{2M + L_1 + L_2}{ACL_1L_2}} = \sqrt{\frac{L_1 + L_2 + 2M}{(L_1L_2 - M^2)\,C}}$$

思考 2　双原子线性链中 N 个交替离子(分别位于 x_n 和 x_n')质量为 m 与 m',它们之间只有最近邻相互作用,求振动频率。

解

$$H = \sum_{n=1}^{\infty}\left[\frac{p_n^2}{2m} + \frac{p_n'^2}{2m'} + \frac{\beta_0}{2}(x_n - x_{n'})^2 + \frac{\beta}{2}(x_n' - x_{n+1})^2\right]$$

$$\omega_{\pm} = \left\{\beta\left(\frac{1}{m} + \frac{1}{m'}\right) \pm \beta\left[\left(\frac{1}{m} + \frac{1}{m'}\right)^2 - \frac{4\sin^2\theta}{mm'}\right]^{1/2}\right\}^{1/2}$$

思考 3　求有一个杂质原子吸附在晶面上的半无限原子链系统的振动模式。

如图 12.11 所示,一个半无限原子链系统,一边无限延伸,另一边吸附一个原子,质量为 m_0,它不同于原子链中的原子质量 m,只考虑相邻原子之间的相互作用,吸附原子的作用系数为 β_0,内部作用系数为 β。求此系统的振动模式。

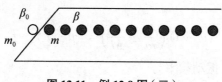

图 12.11　例 12.9 图（三）

提示：系统的哈密顿（动能 ＋ 势能）为

$$H \equiv \frac{1}{2m_0}p_0^2 + \frac{1}{2m}\sum_{n=1}^{\infty}p_n^2 + \frac{\beta_0}{2}(x_0 - x_1)^2 + \frac{\beta}{2}\sum_{n=1}^{\infty}(x_n - x_{n+1})^2 \quad (12.1)$$

式中，P_0 是吸附原子的动量，P_n 为其他原子的动量。设在波动过程中能重现其原始模样的物理量 W 是

$$W \equiv \eta p_0 + \sum_{n=1}^{\infty}\mathrm{e}^{-n\alpha}p_n \quad (12.2)$$

式中，η, α 为待定项。

12.3　借物理心像构思实验

例如，设想一个实验装置测量轮盘的转动惯量。

例 12.10　如图 12.12 所示，在光滑轴承上安装上待测的均匀轮盘，先挂上 m_1，让它从 h 高度自由下落至地面，测定落地时间为 t_1；再换上 m_2，重复此实验，测定落地时间为 t_2，据此数据，求轮盘的转动惯量 I。

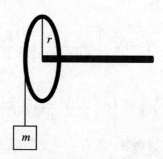

图 12.12　例 12.10 图

解　推导得到转动惯量为

$$I = \frac{(t_1 t_2 r)^2}{2h\left(t_2^2 - t_1^2\right)}\left[m_1 g - m_2 g + \frac{2hm_2}{t_2^2} - \frac{2hm_1}{t_1^2}\right]$$

详细推导留作习题。

还有一种是思想实验,如著名的在量子力学中的"薛定谔的猫"的构思。

薛定谔是量子力学的先驱之一,他设想了这样一个思想实验:

把一只猫关在装有放射源及有毒气体的封闭容器里。放射源在单位时间内有一定的概率会发生衰变,当检测到放射源衰变时,有毒气体就会释放,猫就会死;如果放射源没有发生衰变的话,猫就存活。

"薛定谔的猫"是试图通过扩大哥本哈根诠释的规模来指出这个解释到底有多奇怪。

量子力学中的哥本哈根诠释是:物理系统的属性并不是确定的,只能用量子力学的概率术语来衡量系统的属性,而且测量的行为会对系统产生影响,造成概率集缩小到许多可能值中的一个,这种情况被称为波函数坍缩。

举例来说:在你看月亮之前,月亮是任意可能的状态,比如说满月、半月、新月等。但是只要你一看,月亮就会坍塌到状态中的某一个。因此,观测这种手段,在量子力学中扮演着重要的角色。考虑上面的思想实验,这意味着过了一段时间之后,猫同时活着和死去。当你向盒子里面看的时候,这瞬间你就会看到猫是活着或是死了,而不是既死去又活着。

一个装着猫的盒子,盒子里还有一个满足这样设定的处于叠加态的粒子:当粒子处于一个状态时,猫会中毒死亡;当粒子处于另一个状态时,猫会平安无事。

由于猫的存活状态由粒子的状态决定,那么如果粒子处于叠加态,猫也一定处于叠加态。

于是产生了问题,那就是量子叠加态是什么时候结束的,什么时候坍塌到其中一种可能的状态? 量子叠加不适用于大型物体,比如说猫,因为生物并不能同时活着和死亡。因此,薛定谔判定,哥本哈根诠释必然存在内在的缺陷。

12.4　散步：生灵感，聚心像

我曾写过一本书《散步是物理学家的天职》，散步中下意识会萌生灵感，古人诗曰："妙用原从乐处生，深源定向闲中得"，例如，去湖边散步与渔人闲聊，或是在"小亭危坐看潮生"，此时脑波也汹涌翻腾会自然地念出几句诗。笔者每年年底都去城隍庙散步，顺便猜灯谜，那时有"烘火旋沙巧思生，世间形象皆成灯"，猜谜也催生科研灵感，聚心像。

总结散步中看到的场景较易激发灵感的是："空山寂历道心生""园客开门古意生""树梢微动觉风生"。另外，天气变化也有助于思想活跃，譬如"八月暑退凉风生""晓寒池面绿萍生""细草横阶随意生"，都会给笔者思索以生机。笔者特别喜欢在武夷山目不转睛地看云，"山近云从席上生"，智慧便暗生了。还记得有一次晚上到合肥科学岛出差，夜游董铺水库，闻"舟人夜语觉潮生""薪笛织簟风绮生"，再去茶馆感受"啜茗清风两腋生"，方悟此生不虚度也！

人常说，新发现的获得应是一种奇遇，而不应是思维逻辑的结果。敏锐的、持续性的思考并不一定会通向新发现。笔者发明的量子力学有序算符内的积分理论就是在散步时各种见闻引发的奇思酝酿成的。如泉声落涧可产生直觉思，见风逐杨花会产生发散思，听磬澄心出凝思，见帆影舟移发镜像思，值林间急雨生无偏见思。笔者总结以下思绪带给我的快乐，它们是"迎凉蟋蟀喧闲思，蝉曳秋声欧公思，凭栏望江迎归思，望岭易生红槿思，新什定知饶景思，余篇亦各有意思，镜中移舟天外思，覃凉秋阁无所思，泊桥疏钟起诗思"。这些看似与物理思考风马牛不相关的思绪，时不时地会激扬我脑海中的波澜。

后记　建立物理心像的"磨难"

　　心像原本是文学家体验社会生活的感觉以及欣赏自然美的用语。积存在文学作家头脑中的大量表象被赋予情感,就自然在他们心中逐渐形成了一个愈来愈明晰的形象——心像。但物理心像不带情感色彩,却赋予了想象,物理学家琢磨对自然的简洁的理解方式,在理解和想象中受煎熬,可谓积学酌理,研阅穷照。诗云:

> 夜思不成寐,晨补还魂觉。
>
> 月巡应知疲,潮引无赖啸。
>
> 守株困待兔,蒙被汗自盗。
>
> 眼阖心未静,六神怎就窍。

　　将月亮运行拟人化为一种受磨难的心像。大物理学家费曼曾描写道:"情况就像在一条道路上空低飞的轰炸机驾驶员突然看见三条道路一样,只有当它们中的两条汇在一起并且又消失的时刻,他才悟到他只是飞过一条很长的之字形道路。"

　　当下,不少中学生畏物理之难学转而选择学文科,却又担忧文科毕业工作之难找而踌躇不决。那么物理之难学难在何处呢?拿作诗来做比方吧,凡作诗纯叙景易,而由景生情难,至于情景交融天然无缝则更难。这是由于景可五官感觉,细心观察便得,而情需人敞开心扉,以自身的经历、涵养与灵性触景才可生成,继而呼之欲出又需内养充沛,这就是为什么如今网上可见的民间诗词比赛只是比比阅识,看谁记得多,背得多,而不是比即兴咏物赋诗。这也就是为什么当今诗评者多,而诗作者少。回过头来再议学物理,它是需要用心领会的,即有一个从观物,格物到建立心像的过程。所谓心像,是指在心里先琢磨如何以各种实验来磨合理论,再将观察到、感觉到的东西结合自性本具之理义后形成心像,而要建立物之心像则须对自然有恻隐之心和敬畏之心。明末清初的理学家陆世仪对自然就有敬畏之心,他写的扎记三则中有:

"卧病而起,静坐调息。见日光斜入帐中,如二指许,因从息候之,凡再呼吸,而日光尽矣。因念逝者之速如此,人安可一息不读书,一息不进德,为人悚然太息。"

译文:凡呼吸了两次,那太阳光已经没有了,我很恐惧,不禁叹了一口气。

哲人老子说:"道之为物,惟恍惟惚。惚兮恍兮,其中有象,恍兮惚兮,其中有物。"所以物理之难就难在培养有象、有物、有精、有信的物理感觉。若学生能做到从物理感觉之悟到通,则物理不难学也,此时此际,放眼皆有物理问题可想,不是人寻诗,而是诗寻人,成当代白居易、杨万里矣。

心像可以决定下一次观测什么,在茫然时刻,是心像决定我们去观察什么东西。建立相对正确的物理心像很不容易,期间常受挫折,有时纠结得寸肠欲断。探索中走过的弯路、歧路与崎岖之路所经历的磨难归纳如下:

(1)初审题意自觉到位,演算也能磕磕绊绊的进展,可临到最后,或是建立起来的方程不够数,或是推导的结果物理意义不明确。

(2)得到一个似乎正确的结论,想用另一个办法检验,但往往不能如愿。

(3)算了好长时间的东西,过几天想想,原来只需三言两语就能解决的,看似艰难的解题途径一下子变成是坦途了。

(4)做题期间,盯着的目标渐行渐远,慢慢地模糊了,想换一个角度思考,却是死胡同一个。

(5)隐隐地觉得有结论可得,却不透脱,欲弃之,却又执著,放过又不愿,进退两难。

(6)一个课题进行到半途,曙光依稀可辨时却被别的事情打搅而暂停。过一周许,再着手做,已经忘却了不少想法,回忆它们是个痛苦的事情,能全部记起来吗?

（7）算出一个结果，似是而非，百思不解推导的谬误在何处。

（8）偶有好主意，即顺着想下去，想到后来，却忘记了思路的源头，所谓"白云回望合，青霭入看无"，惆怅万分。

诚然，比起唐僧西天取经所经历的"八十一难"来，这些难也算不了什么。

现在的研究生们有了这些基本理论就可以在导师指挥下从事实验，虽然实验上取得一些成绩，但在物理思想上却难有建树。其实，提出新思想和新心像比发明新科技来得重要些，著名的手机"苹果"公司的创始人乔布斯说："我愿意用我所有的科技去换取与苏格拉底相处的一个下午。苏格拉底真是哲人、智者！"

如天才物理学家费曼所言，用新思路看老问题乃是一种乐趣。再则，把人文情愫与物理结合起来讲，更是乐中添乐。我的书着意从精神层面和对物性的参悟融通来叙述，自是与以往同一知识层次的书有所不同。我的书力求说明物理知识如何从恍惚的感觉过渡为有精有信的心像，让读者体会做物理研究的心路历程和思考方法。读者不但可以提高悟性，也可以纯净心灵，在参透自然规律的进程中熏陶简单朴实的生活理念，做一个日省吾身的实事求是者。我的书还会使读者浮想联翩，渐渐地见识独到，不以物喜，不以己悲，如予不信，可来信诘问。

作为本书的结语，笔者认为物理鉴赏本身也可以成为一个专业，它不同于纯粹的物理科学史专业。欣赏者若有精辟之论，内视物理学家创造时的心像和思维规律，外审物理成果的进一步应用和延展，也非易事，因为这需要鉴赏者具备历史的观点，美学的观点和求实兼浪漫的素质。

研习物理 50 余年，笔者已经出版了近 30 本物理专著，还出了几本文理随笔。其中有一本《物理学家的睿智和趣闻》已经印刷多次，因为其内容主要是记载 20 世纪一些著名物理学家的言行与轶事，纤悉毕校，朗若列眉，故被人戏称为是物理学界的《世说新语》，不少学者出国旅行带的消遣书便是此书。我能有这些著作奉献于世，是因为研发量子力学算符积分学，成一家之论，是谓独得骊珠。

我写这些物理书除了在物理数学创新方面深叙治要、文求洁适，还费心撰写书的前言和后语，文笔丰润。有读者曾对我说，我买你的书,理论推导看不懂,读读书的绪论和后记也蛮有味道。这是对我的鼓励。

我写物理著作时,发忧勤剔,酝酿至深,通宵达旦,常在以下几个方面花工夫:

(1)为切理而抒轴尺素,经纬寸虑,窥见底蕴。

(2)举例做到旁喻曲解,神理外融,潜气内转。

(3)析题尽量虑周藻密,推勘入细,虚神实理,层层搜剔,笔挟秋霜。

(4)结题或圆转透到,或画龙点睛,或结笔放活。

(5)推导公式,步骤井然。探极端,出折中。

(6)叙述物理概念,条分缕析,要言不赘,多中肯语。

(7)不满足于求解,还穷源究委,反正相生。

(8)会心独远时,偶有翻空易奇之笔,不絮人云。

后记图1 "会心处不在远"章

出思考题,则行文题前盘旋,不发弯弓,有点缀,有穿插,曲直灵动,意兴浓至时,故意笔闲。

我国氢弹之父于敏先生十分重视搞物理的人要文理兼优,这是对我的鞭策。理思通必先文脉通,难道不是吗!